FORSCHUNGSBERICHTE DES LANDES NORDRHEIN-WESTFALEN

Nr. 1966

Herausgegeben im Auftrage des Ministerpräsidenten Heinz Kühn
von Staatssekretär Professor Dr. h. c. Dr. E. h. Leo Brandt

Prof. Dr.-Ing. Dr. h. c. D. Sc. Herwart Opitz
Dipl.-Ing. Peter Sulies
Dipl.-Ing. Christian Grünberger

Laboratorium für Werkzeugmaschinen und Betriebslehre
der Rhein.-Westf. Techn. Hochschule Aachen

Untersuchungen über das Läppen von
Stirn- und Kegelrädern

Springer Fachmedien Wiesbaden GmbH

ISBN 978-3-663-06514-2   ISBN 978-3-663-07427-4 (eBook)
DOI 10.1007/978-3-663-07427-4

Verlags-Nr. 011966

© 1968 by Springer Fachmedien Wiesbaden

Ursprünglich erschienen bei Westdeutscher Verlag, Köln und Opladen 1968

Inhalt

1. Einleitung 5

2. Untersuchungen über das Einlaufläppen von Stirnrädern 5

    2.1 Einlaufläppen als Bearbeitungsverfahren 5
    2.2 Eignung der Stirnräder für das Einlaufläppen 6
    2.3 Ermittlung geeigneter Läppbedingungen für das Einlaufläppen
         von ungehärteten Stirnrädern 7
    2.4 Läppuntersuchungen an gehärteten Stirnrädern 8
    2.4.1. Härteverzug und Oberflächenhärte 8
    2.4.2 Härteverfahren 9
    2.4.2.1 Einsatzhärten 9
    2.4.2.2 Badnitrieren 9
    2.4.2.3 Gasnitrieren 9
    2.4.3 Läppuntersuchungen an einsatzgehärteten Stirnradpaaren 9
    2.4.3.1 Einfluß der Läppbedingungen auf Abtragsmenge und Abtragsverteilung 10
    2.4.3.2 Übertragbarkeit der Läppergebnisse auf Radpaare mit unterschiedlichen
           Abmessungen 11
    2.4.4 Läppuntersuchungen an badnitrierten Stirnradpaaren 11
    2.4.4.1 Einfluß der Läppbedingungen auf Abtragsmenge und Abtragsverteilung 11
    2.4.4.2 Übertragbarkeit der Läppergebnisse auf Radpaare mit unterschiedlichen
           Abmessungen 12
    2.4.5 Läppuntersuchungen an gasnitrierten Stirnradpaaren 13
    2.4.6 Folgerungen 13
    2.5 Einlaufläppen von Stirnradpaaren mit unterschiedlicher Härte 13

3. Untersuchungen über das Einlaufläppen von Kegelrädern 14

    3.1 Kegelrad – Planrad – Ballige Flankenflächen 14
    3.2 Versuchseinrichtungen 14
    3.2.1 Läppmaschine für Kegelradgetriebe 14
    3.2.2 Geräuschprüfstand für Kegelradgetriebe 16
    3.2.3 Einflankenwälzfehlermeßgerät für Kegelradgetriebe 16
    3.3 Abtragsbestimmung mit Negativ-Abguß 17
    3.4 Einlaufläppen von ungehärteten bogenverzahnten Kegelrädern 17
    3.5 Einlaufläppen von gehärteten bogenverzahnten Kegelrädern 19
    3.6 Folgerungen 20

4. Zusammenfassung 21

Anhang 23

1. Einleitung

Die guten Erfolge, die mit Einlaufläppen an ungehärteten Stirnrädern, insbesondere an Großgetrieben, erzielt wurden, gaben dazu Anlaß, in diese Untersuchungen über das Einlaufläppen von Getrieben auch gehärtete Zahnräder einzubeziehen. Die an ungehärteten Stirnrädern gewonnenen Ergebnisse lassen sich nicht ohne weiteres auf gehärtete Räder übertragen, da sowohl veränderte Oberflächenhärten als auch der unvermeidliche Härteverzug ganz andere Ausgangsbedingungen schaffen. In diesem Zusammenhang ist vor allen Dingen interessant, inwieweit sich durch Läppen die durch den Härteverzug bedingten Verzahnungsfehler beseitigen lassen, und das Einlaufläppen als wirtschaftliches Verfahren das kostspielige Zahnflankenschleifen ersetzen kann. In die Versuche wurden einsatzgehärtete, bad- und gasnitrierte Radpaare unterschiedlicher Abmessungen einbezogen.

Für das Einlaufläppen von Kegelrädern liegen bisher keine Richtlinien vor. Wegen der komplizierten Zahnform ist in vielen Fällen auch ein Schleifen nicht möglich. Deshalb sind gerade an Kegelrädern eingehende Untersuchungen über das Einlaufläppen von besonderer Dringlichkeit. Wegen der Vielzahl der unterschiedlichen Verzahnungstypen wurden die Untersuchungen zunächst auf gehärtete und ungehärtete bogenverzahnte Kegelräder beschränkt. Zur Bestimmung günstiger Läppbedingungen für Kegelräder war es zunächst notwendig, eine Methode zu finden, das Läppergebnis meßtechnisch zu erfassen, da es im Gegensatz zu Stirnrädern nur bedingt möglich ist, Flankenform und Flankenrichtung mit ausreichender Genauigkeit zu messen.

2. Untersuchungen über das Einlaufläppen von Stirnrädern

2.1 Einlaufläppen als Bearbeitungsverfahren

Entscheidend bei der Beurteilung des Laufverhaltens von Hochlastgetrieben ist neben Lebensdauer und Getriebegeräusch die Genauigkeit der Bewegungsübertragung. Diese einzelnen Merkmale werden außer vom Getriebewerkstoff sowie den Getriebeabmessungen im wesentlichen von der Fertigungsgenauigkeit eines Getriebes beeinflußt.

Die zahlreichen Fehler, die die Fertigungsgenauigkeit und damit die Lebensdauer eines Getriebes beeinträchtigen können, lassen sich in die Gruppe der eigentlichen Verzahnungsfehler und die der Montagefehler unterteilen. Unter Verzahnungsfehlern sind im weitesten Sinne sämtliche Abweichungen von der theoretischen Form und Lage der Zahnflanken zu verstehen; die Montagefehler enthalten alle Abweichungen von der vorgeschriebenen räumlichen Anordnung des Getriebes, die sich beim Zusammenbau ergeben können.

Um somit die Fertigungsgenauigkeit eines Getriebes zu steigern, kann einerseits versucht werden, die Verzahnungsgenauigkeit durch sorgfältige Fertigung auf Präzisionsmaschinen zu erhöhen, andererseits läßt sich die Montagegenauigkeit erhöhen. Eine Steigerung der Verzahnungsgenauigkeit ist aber nur sinnvoll bei entsprechender Montagegenauigkeit und umgekehrt.

Das Einlaufläppen stellt nun ein Bearbeitungsverfahren dar, das als einziges Verfahren in der Lage ist, sowohl die Verzahnungsgenauigkeit als auch die Montagegenauigkeit in begrenztem Maße zu steigern. Es hat gegenüber anderen Verfahren den Vorteil, daß es sowohl auf Läppmaschinen als auch an bereits montierten Getrieben durchgeführt werden kann.

2.2 Eignung der Radpaare für das Einlaufläppen

Systematische Untersuchungen des Läppvorganges an ungehärteten Radpaaren unterschiedlicher Abmessungen haben gezeigt, daß die Rauheiten der Zahnflanken stets beseitigt werden. Bei einer bestimmten Zuordnung von optimalen Werten der Gleitgeschwindigkeit und der Walzenpressung ist auch ein Abbau vorhandener Flankenformfehler möglich, wenn die Radpaare im Hinblick auf ihre geometrischen Abmessungen bestimmte Voraussetzungen erfüllen. Einen entscheidenden Einfluß auf die Eignung der Radpaare für das Einlaufläppen hat die Sprungüberdeckung ε_{sp}, die vom Modul m_n, der Radbreite b und dem Schrägungswinkel β_0 bestimmt wird.

$$\varepsilon_{sp} = \frac{b \cdot \sin \beta_0}{\pi \cdot m_n}$$

Mit zunehmender Sprungüberdeckung, d. h. mit wachsender Radbreite bzw. Schrägungswinkel, wird die Zahl der gleichzeitig im Eingriff befindlichen Zähne erhöht. Das hat zur Folge, daß einerseits die Verteilung der Belastung über der Zahnhöhe gleichmäßiger wird und andererseits die Berührungslinien, bezogen auf die Zahnkopf- bzw. Zahnfußkante, eine zunehmende Schräglage erhalten. Der Materialabtrag auf den Zahnflanken muß, vernachlässigt man Zahnverformungen und unterschiedliche Läppfilmdicke, bei einem gleichzeitigen Eingriff von Zahnfuß, Wälzgebiet und Zahnkopf über der Zahnhöhe gleichmäßig erfolgen. Daraus ergibt sich, daß zur sicheren Anwendung des Einlaufläppens Forderungen an die Mindestüberdeckung, d. h. an Modul, Radbreite und Schrägungswinkel gestellt werden müssen.

Um die Eignung von Radpaaren für das Einlaufläppen, ausgehend von den bekannten Raddaten, bestimmen zu können, wurde ein Diagramm entwickelt, das in Abb. 1 dargestellt ist. (Die Abbildungen stehen im Anhang ab Seite 23.)

Ein Radpaar ist für das Einlaufläppen »gut geeignet«, wenn dieses Radpaar bei der Anwendung optimaler Bedingungen für Belastung und Gleitgeschwindigkeit beliebig lange geläppt werden kann, wobei durch den Abtrag zwar das Flankenspiel vergrößert wird, jedoch die Verzahnungsfehler mit zunehmender Überrollungszahl bis auf das erreichbare Minimum abnehmen. »Bedingt geeignete« Räder können bei Einhaltung der als günstig erkannten Läppbedingungen je nach Ausgangszustand nur bis maximal 4000 Überrollungen geläppt werden. Bei höheren Überrollungszahlen besteht die Gefahr der Profilverschlechterung. Ist ein Radpaar für das Einlaufläppen »schlecht geeignet«, so darf nur bis zur Beseitigung der Flankenrauheiten geläppt werden, was in den meisten Fällen schon eine erhebliche Tragteilverbesserung zur Folge hat.

Bei der Kontrolle, ob ein Zahnradpaar für das Einlaufläppen geeignet ist, geht man folgendermaßen vor: Den Schnittpunkt aus Modul m_n und Schrägungswinkel β_0 verbindet man in Richtung der strahlenförmigen Linien mit der Zahnbreite b und kann an der rechten Bildseite den Grad der Eignung ablesen.

2.3 Ermittlung geeigneter Läppbedingungen für das Einlaufläppen

In Reihenversuchen an ungehärteten Zahnradpaaren mit unterschiedlichen Abmessungen wurde festgestellt, daß eine bestimmte Walzenpressung k_c im Wälzpunkt und eine bestimmte maximale Gleitgeschwindigkeit $v_{G_{max}}$ beim Einlaufläppen zu einer gleichmäßigen Abtragsverteilung führen. Folgende Werte wurden als optimal ermittelt:

$$v_{G_{max}} = 5{,}4 \text{ cm/s}$$

$$k_c = 0{,}016 \text{ kp/mm}^2$$

Es lag nahe, für diese Werte Nomogramme aufzustellen, welche die von Getriebe zu Getriebe variablen Getriebedaten berücksichtigen, so daß für Radpaare beliebiger Abmessungen die optimalen Läppbedingungen in Form von Ritzeldrehzahlen und Bremsmomenten direkt abgelesen werden können. Mit ihnen läßt sich das langwierige Umrechnen der Walzenpressung und der Gleitgeschwindigkeit für die jeweiligen Raddaten ersparen. Die daraus ermittelten Richtwerte gelten für die Verwendung von Siliziumkarbid mit 18 μm Korngröße, aufgeschwemmt in Öl mit einer Viskosität von 4,5 bis 6°E/50°C und Zahnräder, deren Zahnform- und Zahnrichtungsfehler im Ausgangszustand in der Qualität 5...8 liegen. Für größere Fehler sind die Belastungswerte entsprechend kleiner zu wählen, um die Walzenpressung in den tragenden Flankenbereichen nicht zu groß werden zu lassen.

Die Abb. 2 zeigt das Nomogramm zur Ermittlung der günstigsten Ritzeldrehzahl für das Einlaufläppen ungehärteter Stirnräder. Bei der Anwendung dieses Nomogramms geht man von den bekannten Radabmessungen aus. Mit den Werten für den Faktor $m_n \cdot \dfrac{i+1}{i}$ und den Achsabstand a_0 wird im Koordinatensystem ein Punkt festgelegt, durch den eine Kurve $n_1 = $ const verläuft bzw. interpoliert werden muß. Folgt man dieser Kurve nach rechts, so kann an der rechten Ordinate die gesuchte Ritzeldrehzahl ermittelt werden. Wird diese Ritzeldrehzahl beim Läppen von Radpaaren mit den eingesetzten Abmessungen an der Läppmaschine eingestellt, so wird die maximale Gleitgeschwindigkeit von $v_{G_{max}} = 5{,}4$ cm/s eingehalten. Die Versuchsergebnisse haben gezeigt, daß Abweichungen in der Ritzeldrehzahl von $\pm$ 20% ohne Einfluß auf die Abtragsverteilung sind.

In Analogie zur Gleitgeschwindigkeit als ein von den Zahnraddaten unabhängiges Maß für die Gleitung wird als Vergleichswert für die Flankenbelastung die Walzenpressung im Wälzpunkt nach Stribeck gewählt. Um für Radpaare unterschiedlicher Abmessungen die entsprechenden Werte für das Bremsmoment schnell ermitteln zu können, wurde ein Nomogramm für $k_c = 0{,}016$ kp/mm² = const aufgestellt. Bei der Ermittlung des günstigsten Bremsmomentes für das Einlaufläppen eines beliebigen Radpaares geht man folgendermaßen vor (Abb. 3). Aus dem Diagramm Übersetzungsverhältnis i über Achsabstand a_0 ermittelt man zunächst den Wert P_n/b, zeichnet diesen in die erste Skala ein, verbindet ihn, wie das Beispiel zeigt, mit dem zugehörigen Wert auf der Leitertafel für die Radbreite b und erhält Punkt I. Punkt I verbindet man mit dem C-Wert auf der entsprechenden Skala, den man in dem unteren Diagramm aus i, a_0 und m_n ermittelt hat. Im Schnittpunkt mit der b-Skala ergibt sich Punkt II, der wiederum mit dem β_0-Wert auf der vorletzten Skala verbunden wird, so daß man auf der Hilfslinie den Punkt III erhält. Verbindet man nun diesen Punkt III mit dem Wert für d_0 des zu bremsenden Rades (letzte Skala), so erhält man im Punkt IV den Wert für M_{Br}, der eingestellt werden muß, um den Maximalwert der empirisch ermittelten optimalen Walzenpressung einzuhalten.

In welchem Maße Flankenformfehler durch Einlaufläppen bei Anwendung der optimalen Bedingungen abgebaut werden können, soll an einem Beispiel in Abb. 4 gezeigt werden. Zur Ermittlung der Abtragsmenge und der Abtragsverteilung beim Läppen können die Evolventenprüfdiagramme vor und nach dem Läppen auf Grund von Rauheiten im ungeläppten Teil des Fußgebietes überlagert werden. Da dieses Radpaar auf Grund seiner geometrischen Abmessungen für das Einlaufläppen geeignet war, zeigte sich auch nach höheren Überrollungszahlen (10000 Ritzelüberrollungen) keine Verschlechterung der Flankenform. Auf Grund des Abtrages wurde lediglich das Flankenspiel vergrößert.

2.4 Läppuntersuchungen an gehärteten Stirnrädern

Umfangreiche Untersuchungen über das Einlaufläppen von ungehärteten Stirnrädern haben ergeben, daß durch richtige Wahl der Haupteinflußgrößen – relative Gleitgeschwindigkeit und Walzenpressung – Verzahnungsfehler in gewissen Grenzen abgebaut werden können. Diese Ergebnisse liegen, wie bereits erwähnt, in Form von Diagrammen und Nomogrammen vor.
Hierzu wurden ergänzende Versuche an gehärteten Stirnrädern durchgeführt, um die Übertragbarkeit der Ergebnisse zu prüfen und gegebenenfalls optimale Bedingungen für gehärtete Räder angeben zu können.

2.4.1 *Härteverzug und Oberflächenhärte*

Der Schneidvorgang und die Abtragscharakteristik der Läppkörner beim Läppen gehärteter Zahnräder kann nicht ohne weiteres auf die Verhältnisse beim Läppen ungehärteter Radpaare übertragen werden.
Der Härteunterschied zwischen einem normalisierten Stahl als Zahnradwerkstoff und dem Siliziumkarbid ist erheblich. Durch den Härtevorgang wird die Oberflächenhärte des Zahnrades gesteigert, so daß der Härteunterschied zum Siliziumkarbid vermindert wird. Während sich beim Läppen ungehärteter Stirnräder das Läppkorn auf Grund elastischer oder plastischer Verformungen des Zahnradwerkstoffes teilweise in die Zahnflanke eindrücken kann, wird dies beim Läppen eines z. B. einsatzgehärteten Zahnrades nicht in demselben Maße der Fall sein. Die Abtragscharakteristik wird hier dadurch verändert, daß das gehärtete Material der Schnittkraft des Läppkornes einen größeren Widerstand entgegenbringt. Außerdem hat das gehärtete Gefüge eine feinkörnige Struktur, während ungehärtetes Material meist grobkörnig ausgebildet ist.
Eine nicht erwünschte Begleiterscheinung des Härtens stellt der Härteverzug dar, der die Verzahnungsqualität des Zahnrades erheblich vermindern kann. Es sollte daher untersucht werden, ob mit Hilfe des Einlaufläppens nicht nur Flankenrauheiten und Flankenformfehler, die durch den Verzahnungsprozeß bedingt sind, sondern auch Härteverzüge abgebaut werden können.
Die Abb. 5 und 6 zeigen den Härteverzug in Profilhöhe und in Zahnbreite eines einsatzgehärteten bzw. badnitrierten Zahnrades. Deutlich ist der Härteverzug am einsatzgehärteten Rad zu erkennen. Er macht sich als Kantenaufwölbung am Zahnkopf und an den Stirnseiten des Zahnes bemerkbar. Bei den badnitrierten Zahnrädern tritt der Härteverzug nur als Kantenaufwölbung in der Größenordnung von wenigen Mikrometern auf. Die Läppversuche an gehärteten Radpaaren werden im wesentlichen an einsatzgehärteten und badnitrierten Zahnrädern durchgeführt. Die an diesen Versuchsradpaaren ermittelten Ergebnisse wurden in Stichversuchen an gasnitrierten Zahnrädern überprüft.

2.4.2 Härteverfahren

2.4.2.1 Einsatzhärten

Einsatzhärten ist mit einer örtlichen Änderung der chemischen Zusammensetzung in der zu härtenden Oberfläche verbunden. Es handelt sich um Aufnahme oder Anreicherung von Kohlenstoff, der durch Diffusion von außen zugeführt wird. Damit der Kohlenstoff in die Oberfläche des Stahles einwandern kann, muß seine Diffusionsgeschwindigkeit, die bei Raumtemperatur sehr klein ist, dadurch erhöht werden, daß der Stahl sowie der zu diffundierende Kohlenstoff auf eine hohe Temperatur gebracht werden. Eisen kann aber nur größere Mengen an Kohlenstoff im festen Zustand lösen, wenn bis in das γ-Gebiet (Austenit) erwärmt wird, da nur das flächenzentrierte Gitter nennenswert Kohlenstoff aufnehmen kann. Durch einen nachfolgenden Härtevorgang wird die gewünschte Härtesteigerung durch eine Martensitbildung an der Oberfläche erreicht. Infolge der dabei auftretenden Volumenänderung treten Maßänderungen auf, die bei Zahnrädern große Verzahnungsfehler verursachen können.

2.4.2.2 Badnitrieren

Bei einer Nitriertemperatur von 570°C werden aktiver Stickstoff und Kohlenstoff aus dem verwendeten Salzbad frei und diffundieren in die Werkstückoberfläche. Da aber die Löslichkeit des Kohlenstoffs in der α-Phase geringer ist als die des Stickstoffs, bilden sich Karbide, die den Stickstoff zu Nitridausscheidungen anregen. So entsteht nach kurzer Behandlungsdauer eine geschlossene Randzone aus Eisenstickstoff–Kohlenstoff–Verbindungen, die als Verbindungsschicht bezeichnet wird. Der noch nicht gebundene Stickstoff diffundiert weiter in die nachfolgende Werkstoffschicht, die als Diffusionszone bezeichnet wird.

Die für die Läppversuche vorgesehenen Radpaare aus 42 CrMo 4 V wurden vor dem Nitriervorgang auf 350°C vorgewärmt und anschließend im TENIFER-Bad bei 570°C 4 h badnitriert. Die Abkühlung erfolgte in Öl. Der Tiegel des TENIFER-Bades ist belüftet, um die Nitrierwirkung zu erhöhen und mit Titan ausgekleidet, um die notwendige Reinheit des Bades zu gewährleisten.

2.4.2.3 Gasnitrieren

Die technische Durchführung des Nitrierens im Ammoniakstrom (Gasnitrieren) erfolgt bevorzugt bei Temperaturen von 500°C bis 520°C. An der als Katalysator wirkenden Stahloberfläche zerfällt das Ammoniak. Da der sich bildende atomare Stickstoff sehr instabil ist und sehr schnell in den trägen, molekularen Zustand übergeht, muß ständig Ammoniak zugeführt werden. Die Versuchsräder wurden bei 500°C, 84 h im Ammoniakstrom nitriert.

2.4.3 Läppuntersuchungen an einsatzgehärteten Stirnrädern

Die Läppuntersuchungen an einsatzgehärteten Radpaaren werden zunächst an Zahnrädern mit Modul $m_n = 2$ mm durchgeführt. Die Radbreite wurde im Bereich zwischen 30 und 65 mm und der Schrägungswinkel β_0 von 0 bis 33° in Stufen verändert. Wie in der Übersicht in Abb. 7 gezeigt wird, waren diese Radpaare nach dem Diagramm in Abb. 1 für das Einlaufläppen schlecht, bedingt oder gut geeignet. Das Übersetzungsverhältnis lag bei $i = 1{,}6\text{--}1{,}625$, als Werkstoff wurde 16 MnCr 5 gewählt.

Die an diesen Radpaaren ermittelten Läppbedingungen wurden an Versuchsrädern mit einem anderen Modul überprüft, um die Übertragbarkeit der Versuchsergebnisse zu untersuchen. Die Abmessungen dieser Radpaare lauteten:

$$m_n = 5{,}25 \text{ mm}; \quad b = 30 \text{ mm}; \quad i = 1{,}25; \quad \beta_0 = 10°$$

Die Ritzel waren aus 20 MnCr 5 und die Räder aus 16 CrNi 6 gefertigt.

2.4.3.1 Einfluß der Läppbedingungen auf Abtragsmenge und Abtragsverteilung

Um den Einfluß der maximalen relativen Gleitgeschwindigkeit $v_{G_{max}}$ und der Flankenpressung k_c auf die Abtragsmenge und die Abtragsverteilung beim Einlaufläppen einsatzgehärteter Zahnräder deutlich aufzeigen zu können, wurden die Versuchsradpaare bis zu hohen Überrollungszahlen (10000 Ritzelüberrollungen) geläppt.

Die ersten Versuche an einsatzgehärteten Stirnrädern wurden mit den optimalen Bedingungen für ungehärtete Räder durchgeführt. In der linken Hälfte von Abb. 8 sieht man die Veränderung der Flankenform unter diesen Bedingungen. Eine Verdoppelung der Gleitgeschwindigkeit auf $v_{G_{max}} = 10{,}8$ cm/s und eine Walzenpressung von $k_c = 0{,}008$ kp/mm² ergab eine Verbesserung der Flankenform, wie sie im rechten Teil der Abb. 8 zu sehen ist. Verdoppelt man die Walzenpressung oder die Gleitgeschwindigkeit, so ergeben sich die in Abb. 9 zusammengefaßten Ergebnisse. Im linken Teil des Bildes wurde nur die Gleitgeschwindigkeit erhöht, im rechten Teil dazu auch die Walzenpressung. Ein gutes Ergebnis, wie auch aus diesen Bildern zu ersehen ist, ergab sich bei einer maximalen Gleitgeschwindigkeit von $v_{G_{max}} = 10{,}8$ cm/s und einer Walzenpressung von $k_c = 0{,}008$ kp/mm².

Die Abnahme der Verzahnungsfehler sowie den Abbau des Härteverzuges bei Einhaltung der soeben herausgestellten Läppbedingungen zeigt Abb. 10. Nach 3000 Überrollungen sind die Flankenrauheiten gerade abgetragen; der Härteverzug, er wird hier besonders im Flankenrichtungsdiagramm sichtbar, ist abgebaut. Der Einflankenwälzsprung verringerte sich deutlich. Nach 10000 Überrollungen tritt keine weitere Verbesserung der Flankenform wie auch der Flankenrichtung auf. Lediglich der Einflankenwälzsprung zeigt eine weitere Abnahme, welche auf einen verstärkten Abbau von Teilungsfehlern zurückgeführt werden kann. Insgesamt verringerte sich der Einflankenwälzsprung um ungefähr 60–70%.

Ein Vergleich der Abtragsmenge an einsatzgehärteten und ungehärteten Stirnrädern gibt Abb. 11 wieder. Eine einwandfreie Gegenüberstellung ist nur bei gleichen Läppbedingungen möglich. So zeigt der linke Teil des Bildes den Abtrag bei einer Gleitgeschwindigkeit von $v_{G_{max}} = 5{,}4$ cm/s und bei einer Walzenpressung von $k_c = 0{,}016$ kp/mm². Auf der rechten Seite des Bildes sieht man den Abtrag bei Einhaltung der Läppbedingungen, welche optimal bei einsatzgehärteten Rädern angewendet werden können. Die größere Abtragsmenge an einsatzgehärteten Rädern, im unteren Bildteil dargestellt, ist durch eine höhere Schneidwirkung des Läppkornes auf der Flanke zu erklären. Bei ungehärteten Rädern kann sich das einzelne Korn stärker in das Material einbetten, wobei seine Schneidwirkung zum Teil aufgehoben wird.

Aus den im Bild gezeigten Evolventenprüfdiagrammen ist weiter zu ersehen, daß einsatzgehärtete Stirnräder wirtschaftlicher geläppt werden können als ungehärtete.

1. Zum Läppen einsatzgehärteter Räder kann eine höhere Gleitgeschwindigkeit angewendet werden.
2. Die Abtragsmenge pro Überrollung bei einsatzgehärteten Rädern ist größer, d. h. Flankenformfehler können schneller abgebaut werden.

2.4.3.2 Übertragbarkeit der Läppergebnisse auf Radpaare mit unterschiedlichen Abmessungen

Die Übertragbarkeit der Läppergebnisse auf Radpaare mit unterschiedlichen Abmessungen ist dann gegeben, wenn bei Einhaltung der Läppbedingungen, die bereits an Radpaaren gleicher Abmessungen ermittelt wurden, an Zahnrädern mit unterschiedlichen Raddaten ebenfalls zu einem guten Erfolg führen. Dabei muß jedoch eine bedingte bzw. gute Eignung der Radpaare für das Einlaufläppen vorausgesetzt werden.

Abb. 12 zeigt Evolventenprüfdiagramme vor und nach dem Läppen von Radpaaren mit unterschiedlicher Radbreite, während die Ergebnisse in Abb. 13 an Zahnrädern mit verändertem Schrägungswinkel ermittelt wurden. Die übrigen Abmessungen blieben annähernd konstant. Den in beiden Bildern dargestellten Flankenformdiagrammen kann entnommen werden, daß mit ansteigender Breite bzw. Schrägungswinkel die Qualität der Verzahnung nach dem Läppen zunimmt. Dies ist dadurch zu erklären, daß im gleichen Maße die Sprungüberdeckung $\varepsilon_{sp} = \dfrac{b \cdot sin\, \beta_0}{\pi \cdot m_n}$ und damit die Eignung der Radpaare für das Einlaufläppen zunimmt.

In Abb. 14 sind Evolventenprüfdiagramme der Zahnritzel nach ansteigender Sprungüberdeckung geordnet dargestellt. Deutlich ist der günstige Einfluß der Sprungüberdeckung zu erkennen. Obwohl bei allen Radpaaren ein annähernd gleicher Ausgangszustand vorlag, konnte der Flankenformfehler am geradverzahnten Radpaar ($\varepsilon_{sp} = 0$) nur auf $f_f = 8$ µm abgebaut werden, während am Radpaar mit der größten Sprungüberdeckung der Flankenformfehler sich auf $f_f = 2$ µm verringerte.

Die Abb. 15 zeigt Evolventenprüfdiagramme eines Radpaares mit einem größeren Modul ($m_n = 5{,}25$ mm). Bei Anwendung der als günstig herausgestellten Läppbedingungen wurden bereits nach 600 Überrollungen die vorhandenen Flankenrauheiten abgebaut. Auf Grund der schlechten Eignung der Radpaare für das Einlaufläppen mußte die Läppbearbeitung nach diesen Überrollungen abgebrochen werden.

Die Läppuntersuchungen an einsatzgehärteten Stirnrädern haben gezeigt, daß bei Anwendung der Bedingungen:

$$v_{G_{max}} = 10{,}8 \text{ cm/s}$$
$$k_c = 0{,}008 \text{ kp/mm}^2$$

eine bedeutende Steigerung der Verzahnungsqualität erzielt werden kann. Die Radpaare müssen allerdings für das Läppen bedingt bzw. gut geeignet sein.

2.4.4 Läppuntersuchungen an badnitrierten Stirnrädern

Die für einsatzgehärtete Räder ermittelten Läppbedingungen sollten nun an Radpaaren bestätigt werden, die einem anderen Härteverfahren unterworfen worden sind. Für diese Versuchsreihe wurden badnitrierte Räder verwendet. Der Härteverzug bei badnitrierten Stirnrädern macht sich als Kantenaufwölbung von maximal 6 bis 8 µm bemerkbar und liegt im allgemeinen in der Größenordnung der Flankenrauheit.

Die Abmessungen der Versuchsradpaare entsprachen denen der einsatzgehärteten, wie sie bereits in Abb. 7 zusammengestellt wurden.

2.4.4.1 Einfluß der Läppbedingungen auf Abtragsmenge und Abtragsverteilung

Die Abb. 16 zeigt den Einfluß von Gleitgeschwindigkeit und Walzenpressung auf die Abtragsverteilung beim Läppen badnitrierter Stirnräder.

In der linken Hälfte des Bildes sind die Flankenformdiagramme wiedergegeben, die sich bei Anwendung der für weiche Räder optimalen Läppbedingungen ergeben haben, und im rechten Bildteil die günstigsten Bedingungen für einsatzgehärtete Räder.

Man erkennt, daß auch hier mit gutem Erfolg mit einer maximalen Gleitgeschwindigkeit von $v_{G_{max}} = 10{,}8$ cm/s und einer Walzenpressung von $k_c = 0{,}008$ kp/mm² gearbeitet werden kann.

In Abb. 17 ist die Veränderung der Flankenform durch Läppen bei Konstanthaltung der Gleitgeschwindigkeit von 10,8 cm/s und Variation der Walzenpressung dargestellt. In keinem Fall konnte eine gute Verzahnungsqualität nach dem Läppen erzielt werden; dies ist nur mit den vorher erwähnten Bedingungen möglich. Aus den Bildern sieht man ferner, daß es nicht sinnvoll ist, badnitrierte Räder mit großem Flankenformfehler zu läppen, da zu befürchten ist, daß die weiße Verbindungsschicht, die sehr zur Flankentragfähigkeit eines Getriebes beiträgt, zu tief abgetragen wird. In Abb. 18 sind die Läppergebnisse und Gefügeaufnahmen von 3 Radpaaren mit nahezu gleichem Ausgangsprofil dargestellt. Bei diesen Versuchsradpaaren war der periodische Flankenformfehler gerade so groß, daß er nach 3000 Überrollungen abgebaut, die Verbindungsschicht aber noch vorhanden war. Kleinere Flankenformfehler können also durch Läppen beseitigt werden, ohne daß die weiße Verbindungsschicht vollständig abgetragen wird.

2.4.4.2 Übertragbarkeit der Läppbedingungen auf Radpaare unterschiedlicher Abmessungen

Ebenso wie bei den Untersuchungen an einsatzgehärteten Radpaaren wurde auch an den badnitrierten Versuchsrädern die Übertragbarkeit der an einsatzgehärteten Rädern gefundenen günstigen Läppbedingungen überprüft. Abb. 19 zeigt Flankenformschriebe von Radpaaren mit unterschiedlicher Sprungüberdeckung, die durch Variation der Radbreite und des Schrägungswinkels gemäß Abb. 7 erreicht wurde. Auch hier zeigte es sich, daß mit steigender Sprungüberdeckung, d. h. mit zunehmender Eignung, die durch das Läppen erreichbare Qualität der Flankenform gesteigert wird. Eine wesentliche Verbesserung ergab sich erst bei $\varepsilon_{sp} \approx 2$, was auf den ungünstigen Ausgangszustand zurückgeführt werden kann. Der periodische Flankenformfehler, der durch ein Taumeln des Fräsers hervorgerufen wurde, war so ausgebildet, daß im Wälzgebiet ein Höcker vorhanden war. In diesem Gebiet wird aber gerade an Radpaaren mit kleiner Sprungüberdeckung und geringer Eignung weniger Material abgetragen als im Fuß- bzw. Kopfgebiet, bedingt durch die bereits eingangs erwähnte Gleitgeschwindigkeitsverteilung. Der Flankenformfehler betrug nach dem Läppen an dem Radpaar mit $\varepsilon_{sp} = 0$, $f_f = 8$ μm und an dem Radpaar mit $\varepsilon_{sp} = 4{,}32$, $f_f = 3$ μm. Die Ausgangsqualität und die Form des Flankenformfehlers war an allen Versuchsrädern gleich.

In Stichversuchen an badnitrierten Radpaaren mit $m_n = 5$ mm konnte gezeigt werden, daß bei Anwendung der als optimal herausgestellten Läppbedingungen auch an Radpaaren mit einem größeren Modul eine Steigerung der Verzahnungsqualität durch Einlaufläppen möglich ist. Abb. 20 zeigt, daß an diesen Radpaaren die Flankenrauheiten und Flankenformfehler abgebaut werden konnten, wenn sie, wie es hier der Fall war, für das Einlaufläppen geeignet sind.

Die Läppversuche haben gezeigt, daß badnitrierte Zahnräder bei Einhaltung der Bedingungen, die sich beim Einlaufläppen von einsatzgehärteten Radpaaren als optimal erwiesen haben, mit gutem Erfolg geläppt werden können. Es ist jedoch darauf zu achten, daß die für das Verschleißverhalten der Zahnflanken wichtige weiße Verbindungsschicht nicht zu stark abgebaut werden darf.

2.4.5 Läppuntersuchungen an gasnitrierten Stirnrädern

Die Untersuchungen über den Einfluß der Läppbedingungen und der Zahnraddaten auf das Läppergebnis wurden an einsatzgehärteten und badnitrierten Radpaaren ausführlich durchgeführt. Die dabei ermittelten günstigsten Läppbedingungen wurden darauf in Stichversuchen an gasnitrierten Zahnrädern überprüft.
Die Abb. 21 zeigt Flankenformprüfdiagramme von Rad und Ritzel eines gasnitrierten Radpaares vor und nach dem Läppen. Bereits nach 4000 Überrollungen wurde genügend Material abgetragen, um den verhältnismäßig großen periodischen Flankenformfehler abzubauen. Die Verzahnungsqualität konnte durch das Einlaufläppen erheblich gesteigert werden. Die Radpaare waren für das Einlaufläppen geeignet.
Das Einlaufläppen kann also auch mit Erfolg an gasnitrierten Zahnrädern durchgeführt werden, wenn die bereits als günstig ermittelten Läppbedingungen

$$v_{G_{max}} = 10,8 \text{ cm/s}$$

$$k_c = 0,008 \text{ kp/mm}^2$$

angewandt werden. Außerdem ist beim Läppen gasnitrierter Radpaare im Gegensatz zu den badnitrierten Zahnrädern nicht zu befürchten, daß die Flankentragfähigkeit durch Abbau einer wichtigen Oberflächenschicht herabgesetzt wird. Vielmehr ist bei gasnitrierten Zahnrädern nach dem Abbau der spröden, äußeren Schicht eine Steigerung der Flankentragfähigkeit zu erwarten.

2.4.6 Folgerungen

Die Untersuchungen an Stirnrädern haben gezeigt, daß das Läppen gehärteter Stirnräder mit dem gleichen Erfolg wie bei ungehärteten angewendet werden kann. Die Abtragsmenge nach gleichen Überrollungszahlen ist bei gehärteten Stirnrädern größer. Zusammen mit der höheren Gleitgeschwindigkeit ergibt sich eine wesentlich kürzere Läppzeit, um den gewünschten Abtrag zu erhalten, und damit eine höhere Wirtschaftlichkeit.
Die Eignungsskala für ungehärtete Räder besitzt auch für gehärtete Gültigkeit. Die optimalen Läppbedingungen können aus denen für ungehärtete abgeleitet werden, und zwar wie folgt:
Den in den Abb. 2 und 3 dargestellten Nomogrammen und Diagrammen können die Werte für Ritzeldrehzahl und Bremsmoment eines ungehärteten Radpaares entnommen werden. Für ein entsprechendes gehärtetes Radpaar ist der Betrag der Ritzeldrehzahl zu verdoppeln, das Bremsmoment dagegen zu halbieren. Bei badnitrierten Rädern besteht die Gefahr, daß die weiße Verbindungsschicht durch zu langes Läppen vollständig abgetragen und die Flankentragfähigkeit herabgesetzt wird. Beim Läppen einsatzgehärteter und gasnitrierter Zahnräder ist diese Gefahr nicht gegeben.

2.5 Einlaufläppen von Radpaaren mit unterschiedlicher Härte

Vielfach wird bei großen Übersetzungen für das Ritzel ein Werkstoff mit größerer Festigkeit als für das Rad gewählt. Es sollte daher untersucht werden, welche Läppbedingungen bei der Paarung eines gehärteten Ritzels mit einem ungehärteten Rad anzuwenden sind und wie groß die Abtragsmengen am Rad bzw. Ritzel sind. In Abb. 22 sind diese Abträge für einige Paarungen zusammengestellt. Zum Vergleich sind die mittleren Abträge eines ungehärteten sowie eines einsatzgehärteten bzw. badnitrierten Radpaares dargestellt. Der Abtrag am Ritzel ist nach oben hin, der am Rad nach unten aufgetragen. Als günstige Läppbedingungen erwiesen sich die optimalen Daten für ungehärtete Räder, da mit Rücksicht auf das ungehärtete Rad keine höhere Gleitgeschwindigkeit eingesetzt werden konnte. Aus dem Bild geht hervor, daß bei großem Härteunterschied, z. B. 16 MnCr 5 einsatzgehärtet gegen Ck 45 N, beim Ritzel ein relativ geringerer Abtrag erzielt wird als bei weniger großem Härteunterschied. Je nach Übersetzungsverhältnis und Härteverfahren ist darauf zu achten, daß durch zu langes Läppen keine Verminderung der Flankentragfähigkeit infolge des Abtrages einer wichtigen Härteschicht eintritt.

Die Läppuntersuchungen an Radpaaren mit unterschiedlicher Härte sind noch nicht abgeschlossen. Es sollen weiterhin Radpaare mit einem Übersetzungsverhältnis $i = 1$ geläppt werden, um das Verhältnis der Abträge an Rad und Ritzel deutlich aufzuzeigen.

3. Untersuchungen über das Einlaufläppen von Kegelrädern

3.1 Kegelrad – Planrad – Ballige Flankenflächen

Kegelräder werden zur Bewegungsübertragung in Getrieben mit sich schneidenden Achsen verwendet. Ihre Grundkörper sind Kegel, deren Spitzen sich im Kegelscheitelpunkt M schneiden (Abb. 23).

Rollen diese Kegel mit den jeweiligen Teilkegelwinkeln δ_{01} und δ_{02} aufeinander ab, so entsteht dabei eine gedachte Wälzfläche P. Diese Wälzfläche liegt in der beiden Wälzkegeln gemeinsamen Tangentialebene. Bei der Wälzbewegung dreht sich die Wälzfläche um den Schnittpunkt beider Kegelradachsen.

Die Form der Verzahnung wird meistens von der Verzahnung des Planrades abgeleitet, d. h. die Wälzbewegung eines Kegelradtriebes kann durch die Bewegung der zugeordneten Planräder dargestellt werden, wie Abb. 24 zeigt.

Ein theoretisch fehlerfreies Laufverhalten des Kegelradgetriebes setzt einen exakten Zahneingriff voraus und ist nur dann gegeben, wenn die der Kegelradpaarung entsprechenden Planräder sich wie Form und Abguß verhalten, also deckungsgleich sind.

Haben Ritzel und Rad einer Kegelradpaarung zwei Planräder, die deckungsgleich sind, so besitzen Plan- und Kegelräder eine gemeinsame Eingriffsfläche. Beide Kegelräder laufen fehlerlos miteinander. Eine Kegelradpaarung, der solche Planräder zugrunde liegen, besitzt fehlerfreie oder »exakte« Flankenflächen.

Kegelradgetriebe, die dieser Forderung genügen, zeigen unter Last nicht immer das gewünschte Verhalten bezüglich Laufruhe und Tragfähigkeit. Durch Verformungen der Wellen und Lager sowie der Radkörper unter Betriebslast kommt es zu einer Verkleinerung des Traganteils und zu einer erhöhten Geräuschabstrahlung.

Durch ballige Ausbildung der Flankenflächen von Kegelrädern ist es möglich, verlagerungsfähige und mit größeren Einbautoleranzen versehene Kegelräder zu fertigen (Abb. 25).

3.2 Versuchseinrichtungen

3.2.1 Läppmaschine für Kegelradgetriebe

Die Läppversuche wurden auf einer Kegelradläppmaschine der Firma W. Ferd. Klingelnberg Söhne durchgeführt. Abb. 26 zeigt die Vorderansicht der Maschine. Der

Hauptantrieb erfolgt über einen polumschaltbaren Drehstrommotor. Die Abbremsung der Radspindel kann über einen elektrisch gesteuerten Gleichstrommotor vorgenommen werden. So ist es möglich, geringe Bremsmomente exakt einzustellen. Außerdem verfügt die Maschine über eine mechanische Bremse, die ebenfalls auf die Radspindel wirkt.

Mit Hilfe des Gleichstrommotors können unter Beibehaltung einer Drehrichtung nacheinander die Rechts- und Linksflanken eines Kegelradpaares geläppt werden. Da dieser Antrieb stufenlos ist, war es außerdem möglich, bei Verwendung der Radspindel als Antriebsspindel jede beliebige Drehzahl und damit mehrere Gleitgeschwindigkeitsbereiche zu untersuchen.

Während beim Stirnradläppen die Angaben von maximaler Gleitgeschwindigkeit und Walzenpressung zur Festlegung der Läppbedingungen genügen, sind durch die Forderung nach gezielter Tragbildbeeinflussung beim Kegelradläppen weitere Bedingungen zu erfüllen. Die nach dem Verzahnungsprozeß vorliegende Balligkeit und Tragbildlage soll erhalten und gegebenenfalls verändert werden.

Die Beeinflussung des Tragbildes während des Läppens wird durch Verlagerung der Radspindel erreicht. Abb. 27 zeigt das Wandern des Tragbildes auf den Rechts- und Linksflanken eines bogenverzahnten Kegelradpaares, wenn eine horizontale und vertikale Verlagerung der Radspindel vorliegt. Diese Verlagerungen können zum Beispiel auftreten durch Montagefehler der Kegelradpaarung, das käme einer horizontalen Verlagerung gleich, oder durch Fertigungsfehler des Gehäuses, hier wäre z. B. eine vertikale Versetzung möglich.

Beide Verlagerungsarten können beim Betrieb eines Kegelradgetriebes unter Last auftreten. Durch Verformung der Wellen und Lager kann es zu den gezeigten Tragbildverschiebungen kommen. Bei gegebener Balligkeit sind also bestimmte Achsversetzungen notwendig, um die eigentliche Tragzone an jedem Punkt der Zahnflanke zu bringen.

In einem räumlichen Koordinatensystem können die Bewegungen folgendermaßen aufgeteilt werden (Abb. 28):

1. Die Bewegungen in x- und y-Richtung. Sie verlaufen in Richtung der Ritzel- und Radachse und liegen in der von beiden Achsen aufgespannten Achsenebene. Sie bewirken eine Verlagerung des Tragbildes senkrecht zur Berührungslinie der Flanken, d. h. in Profilhöhe.
2. Die Bewegung in der mit II gekennzeichneten Ebene. Diese Ebene steht senkrecht auf der Achsenebene und kann eine der beiden Achsen enthalten. Die Bewegung in z-Richtung hat ein Wandern des Tragbildes in Richtung der Berührungslinie zur Folge, d. h. in Zahnbreite.

Diese drei Bewegungskomponenten können an der Läppmaschine stufenlos eingestellt und so aufeinander abgestimmt werden, daß die resultierende Bewegung in der beiden Kegelrädern gemeinsamen Planradebene liegt.

Die Hauptrichtungen dieses Koordinatensystems wurden so festgelegt, daß Verlagerungen in der positiven x- und y-Richtung einer Vergrößerung des Einbaumaßes gleichkommen. Eine Verschiebung in z-Richtung soll dann positiv sein, wenn das Tragbild bei Verlagerung der Radspindel in dieser Richtung zum äußersten Zahnende wandert. Während des Läppens führt die Radspindel diese Versetzungen aus, die durch Kurvenscheiben gesteuert werden. Die Amplituden dieser Verlagerungen sind stufenlos einstellbar. Abb. 29 verdeutlicht die Radspindelverlagerung und die dazugehörige Tragbildverschiebung während einer Läpp-Periode. Das Tragbild wandert gleichmäßig von der Zahnmitte bei Einbaumaß, Radspindelverlagerung in x-, y- und z-Richtung ist gleich Null, zum äußeren Zahnende, also x und z haben ein positives Vorzeichen, während die Verlagerung in y-Richtung negativ ist. Die Größe dieser Verlagerung wird so eingestellt, daß das Tragbild gerade das äußere bzw. innere Zahnende erreicht. An diesem Punkt kehrt sich die Bewegung um, das Tragbild verschiebt sich zurück zur Zahnmitte und weiter bis zum inneren Zahnende. Für diese Tragbildlage ist eine Verschiebung in der positiven y-Richtung notwendig, während die Bewegungen in x- und z-Richtung negativ sind. Nach Erreichen des inneren Zahnendes verschiebt sich das Tragbild wieder in seine Ausgangslage.

Wird mit diesem Ablauf der Verlagerungen geläppt, wird außerdem der maximale Betrag dieser Verschiebungen so gewählt, daß der Tragbildrand gerade das innere und äußere Zahnende erreicht, so kann angenommen werden, daß durch das Läppen die nach der Verzahnung vorhandene Balligkeit beibehalten wurde.

3.2.2 Geräuschprüfstand für Kegelradgetriebe

Da bei Kegelrädern im allgemeinen nur beschränkt Einzelfehlermessungen möglich sind, wurde zur Beurteilung des Läppergebnisses die Verbesserung hinsichtlich der Geräuschabstrahlung und des Einflankenwälzsprunges des Kegelradgetriebes herangezogen. Der Geräuschprüfstand für Kegelradgetriebe ist als elektrischer Verspannungsprüfstand ausgeführt. An- und Abtriebswellen sind koaxial angeordnet. Der Antrieb erfolgt durch einen Gleichstrommotor über körperschallisolierte Gelenkwellen. Abgebremst wird der Prüfstand von einem Gleichstromgenerator. Um die koaxiale Anordnung von An- und Abtriebsmaschine beibehalten zu können, mußte neben dem zu untersuchenden Getriebe ein Hilfsgetriebe installiert werden. Zu prüfendes Getriebe und Hilfsgetriebe sind über einen Flachriemen gekoppelt, ihre Fundamente wie auch die der Gleichstrommaschinen sind schwimmend gelagert. Auf diese Weise wird eine Körperschallübertragung zum Boden und zum Prüfgetriebe verhindert.

Der vom Hilfsgetriebe abgestrahlte Luftschall wird durch Dämmhauben stark reduziert. Der für die Geräuschmessungen notwendige Störabstand ist mit 20 dB gegeben. Außerdem befindet sich der Geräuschprüfstand in einem schallharten Raum, der reproduzierbare Geräuschmessungen zuläßt.

3.2.3 Einflankenwälzfehlermeßgerät für Kegelradgetriebe

Bei der Einflankenwälzfehlermessung vergleicht man die Drehbewegung des zu untersuchenden Getriebes mit der eines idealen Bezugsgetriebes. Im vorliegenden Falle wird das Bezugsgetriebe durch zwei seismische Drehschwingungsaufnehmer dargestellt, mit deren Hilfe der Einflankenwälzfehler, der als Drehwinkelabweichung des Rades aus seiner durch die Stellung des Ritzels und des fehlerfreien Übersetzungsverhältnisses gegebene Sollage definiert ist, bestimmt werden kann.

Die Kegelräder wurden auf dem Einflankenwälzfehlermeßgerät Typ EPK 40 der Firma Heidenreich & Harbeck untersucht. Der Antrieb erfolgt von einem regelbaren Gleichstrommotor über ein Reibradgetriebe; das Reibrad auf der Ritzelspindel ist gleichzeitig als Schwungscheibe ausgebildet. So ist es möglich, eventuell auftretende Antriebsungleichförmigkeiten zu dämpfen. Eine Wirbelstrombremse auf der Radspindel sorgt für eine sichere Flankenanlage. Die seismischen Aufnehmer sind an den beiden Spindelenden angeflanscht.

3.3 Abtragsbestimmung mit Negativ-Abguß

Bei den Läppuntersuchungen an Stirnrädern hat sich gezeigt, daß die Verbesserung des Geräuschverhaltens, die Abnahme des Wälzsprunges und die Zunahme der Lebensdauer eines geläppten Radpaares nicht nur auf den Abbau der Flankenrauheiten zurückgeführt werden kann, sondern auch auf die Verringerung von Flankenformfehlern.

Entscheidend ist dabei die durch das Läppen erzielte Abtragsmenge wie auch die Abtragsverteilung. Die Bestimmung der durch das Läppen erzielten Abtragsmenge und Abtragsverteilung an bogenverzahnten Kegelrädern ist mit Hilfe von Negativ-Abgüssen möglich. Abb. 30 zeigt ein bogenverzahntes Kegelrad, in dessen Zahnlücken Begrenzungsstücke einer Zinn–Zink-Legierung eingesetzt sind. Diese Stücke liegen genau an der Kopffläche und im Zahngrund an. Damit jeweils der gleiche Schnittverlauf vor und nach dem Läppen erhalten bleibt, ist außerdem eine Anlage am Rückenkegel vorhanden.

In Abb. 30 sind Begrenzungsstücke wiedergegeben, die es ermöglichen, den Abtrag in mehreren Ebenen zu messen, in Ebenen, die einen unterschiedlichen Abstand vom Kugelscheitelpunkt haben.

In Abb. 31 ist ein solches Begrenzungsstück in einer Zahnlücke skizziert. Auf der Schnittfläche des Begrenzungsstückes, die planpoliert ist, ist eine Meßlinie mit Bezugspunkten eingeritzt. Der verbleibende Teil der Zahnlücke wird vor und nach dem Läppen mit einem Kunstharz ausgegossen.

Auf dem nach der Aushärtung gewonnenen Abguß, links im Bild, bildet sich die Meßlinie mit den Bezugspunkten ab. Dieser Negativ-Abguß der Zahnlücke wird nun mikroskopisch ausgemessen, und zwar der Abstand der einzelnen Bezugspunkte von der Begrenzungslinie der Flanke. Die Differenz dieser Abstände vor und nach dem Läppen stellt den Abtrag an dem jeweiligen Bezugspunkt dar. Die Abtragsverteilung in Zahnhöhe ergibt sich aus der Folge der einzelnen Bezugspunkte. Je dichter die Bezugspunkte gelegt werden, um so genauer läßt sich eine Aussage über die Abtragsverteilung in Profilhöhe machen.

Die Abtragsverteilung in Zahnbreite ergibt sich aus der Anordnung mehrerer solcher Schnitte. Im allgemeinen wird jeweils ein Schnitt in der Zahnmitte sowie am äußeren und inneren Zahnende genügen.

3.4 Einlaufläppen von ungehärteten bogenverzahnten Kegelrädern

Die Auswirkungen unterschiedlicher Läppbedingungen wie Ritzeldrehzahl und Bremsmoment auf die Abtragsmenge und Abtragsverteilung sowohl in Zahnhöhe als auch in Zahnbreite und ihre Auswirkungen auf das Laufverhalten sollten zunächst an ungehärteten bogenverzahnten Kegelrädern untersucht werden, da diese in der Praxis vorwiegend geläppt werden. Ein Schleifen ist meist nicht oder nur mit großem Aufwand möglich. Die Flanke eines bogenverzahnten Kegelrades stellt eine nach allen Seiten gekrümmte Fläche dar. Die Abtragsbestimmung ist aus diesem Grunde schwierig.

Mit Hilfe von Negativ-Abgüssen ist es möglich, eine Bestimmung des Abtrages an bogenverzahnten Kegelrädern mit ausreichender Genauigkeit durchzuführen.

Der Abtrag wurde in mehreren Abständen vom Kegelscheitelpunkt gemessen, um auch den Einfluß der Zusatzbewegungen der Radspindel auf die Breitenballigkeit zu kontrollieren.

Die Größe der Zusatzbewegungen in x-, y- und z-Richtung wurde so gewählt, daß der Tragbildrand gerade das innere und äußere Zahnende erreichte, der Tragbildkern lag also stets auf der Flankenfläche. Der Ablauf der Zusatzbewegung entsprach dem in Abb. 29 dargestellten.

Bei dem Einsatz einer Ritzeldrehzahl von $n_1 = 300$ U/min, bei der noch kein Fressen der Zahnflanken auftrat, und einem Bremsmoment von $M_b = 1$ kpm ergaben sich die in Abb. 32 dargestellten Abtragsmengen und Abtragsverteilungen.

Nach 3000 Überrollungen ist im Fuß- und Kopfgebiet im Vergleich zum Wälzgebiet ein erhöhter Abtrag festzustellen. Die Messungen am inneren wie am äußeren Zahnende erbrachten nahezu die gleichen Ergebnisse wie bei der Abtragsbestimmung in Zahnmitte. Der Höcker im Wälzgebiet kann auf eine erhöhte Walzenpressung zurückgeführt werden. Annähernd die gleiche Tendenz der Abtragsverteilung ergab sich nach 6000 Überrollungen.

Die Beibehaltung der Ritzeldrehzahl $n_1 = 300$ U/min und eine Absenkung des Bremsmomentes auf $M_b = 0,5$ kpm erbrachte die im folgenden (Abb. 33) dargestellte Verteilung.

Der Abtrag über der Zahnhöhe kann als konstant angesehen werden. Die Höckerbildung trat bei diesen Läppbedingungen nicht auf. Selbst bei höheren Überrollungszahlen, im Bild sind die Werte für 6000 Ritzelüberrollungen eingezeichnet, liegt noch eine gleichmäßige Abtragsverteilung über der Zahnhöhe vor.

Auch hier haben die Abtragsverteilungen am inneren und äußeren Zahnende den gleichen Verlauf. Bei höheren Drehzahlen als $n_1 = 300$ U/min bestand die Gefahr des Fressens der Zahnflanken.

Die Profilausbildung, hervorgerufen durch die Anwendung unterschiedlicher Bremsmomente, wirkt sich im Geräuschverhalten und auf den Einflankenwälzsprung des Kegelradgetriebes aus.

In Abb. 34 sind im rechten Teil die Frequenzanalysen des von einem Kegelradpaar abgestrahlten Geräusches wiedergegeben, das mit einem Bremsmoment von $M_b = 1$ kpm geläppt wurde.

Diese Messungen erfolgten auf dem Geräuschprüfstand für Kegelradgetriebe, und zwar unter folgenden Bedingungen:

$$\text{Prüfdrehzahl } n = 3000 \text{ U/min}$$
$$\text{Belastung Md} = 4 \text{ kpm}$$

Der Schalldruckpegel betrug vor dem Läppen 93 dB, er wurde bei den im Bild angeführten Läppbedingungen auf 90 dB vermindert.

Aus den Frequenzanalysen geht hervor, daß diese Pegelsenkung hauptsächlich auf den Abbau des mit Zahneingriffsfrequenz f_z abgestrahlten Teiltones zurückzuführen ist. Die Einflankenwälzsprungdiagramme dieses Kegelradpaares vor und nach dem Läppen zeigt der linke Teil des Bildes. Der Einflankenwälzsprung wurde um etwa 20% seines Ausgangszustandes abgebaut.

Eine Verminderung des Bremsmomentes auf $M_b = 0,5$ kpm, bei einer Ritzeldrehzahl von $n_1 = 300$ U/min, erbrachte bezüglich der Abtragsverteilung das beste Ergebnis (Abb. 33). Das kommt auch bei der Messung des Schalldruckpegels und des Einflankenwälzsprunges zum Ausdruck.

Die Abb. 35 zeigt rechts die Frequenzanalysen des erzeugten Geräusches vor und nach dem Läppen. Der Schalldruckpegel wurde um 5 dB abgebaut. Aus den Frequenzanalysen wird sichtbar, daß die Pegelminderung auch hier in erster Linie durch die Veränderung der Zahneingriffskomponente und deren 1. Harmonische verursacht wird.

Im linken Teil des Bildes sind die Einflankenwälzsprungdiagramme des entsprechenden Kegelradpaares dargestellt. Hier ist eine Verbesserung um fast 30% festzustellen.

3.5 Einlaufläppen von gehärteten bogenverzahnten Kegelrädern

Gehärtete Kegelräder mit Bogenverzahnung sind der Kegelradtyp, der in der Praxis am häufigsten anzutreffen ist. Das Läppen bietet sich vor allen Dingen hier als Feinbearbeitungsverfahren an, weil eine Nachbearbeitung durch Schleifen der Verzahnung in den meisten Fällen nicht möglich ist.

Im folgenden sollen nun die Auswirkungen verschiedener Ritzeldrehzahlen und Bremsmomente auf die Abtragsverteilung sowie das Laufverhalten der geläppten Kegelräder untersucht werden.

Die Räder waren ballig verzahnt und wurden deshalb mit Zusatzbewegungen geläppt, die eine Beibehaltung der Balligkeit erwarten lassen, d. h. die Zusatzbewegungen waren der Balligkeit vor dem Läppen angepaßt.

In ersten Versuchen wurden die an ungehärteten Kegelradgetrieben mit Bogenverzahnung ermittelten günstigsten Läppbedingungen auch für gehärtete angewendet.

Abb. 36 gibt die durch Negativ-Abgüsse ermittelten Abtragsverteilungen in drei Normalschnitten der Zahnflanke wieder. Die Verteilung des Abtrages ist bis auf geringe Abweichungen über der Zahnhöhe konstant.

Aus den gleichen Abtragsmengen am inneren und äußeren Zahnende sowie in der Zahnmitte kann wiederum auf die Beibehaltung der Balligkeit nach dem Läppen geschlossen werden. Der Verlauf der Abtragskurven zeigt, daß Flankenrauheiten, die in der Größe von 4 bis 6 μm vorliegen, nach 3000 Überrollungen abgebaut werden. Größere Fehler auf der Zahnflanke erfordern längere Läppzeiten.

Eine Erhöhung des Bremsmomentes auf $M_b = 1$ kpm – die Ritzeldrehzahl blieb mit $n_1 = 300$ U/min konstant – ergab eine in Abb. 37 wiedergegebene Abtragsverteilung.

Über der gesamten Zahnbreite wurde im Fußgebiet mehr Material abgetragen als im Kopfgebiet. Für das mit diesen Bedingungen geläppte Kegelradpaar ist im linken Teil der Abb. 38 der Einflankenwälzsprung vor und nach dem Läppen wiedergegeben. Aus den Diagrammen ist eine Verringerung des Wälzsprunges um 25% abzulesen.

Von dem gleichen Kegelradpaar sind die Frequenzanalysen des abgestrahlten Geräusches im rechten Teil der Abb. 38 dargestellt.

Der Schalldruckpegel wurde bei den im Bild angegebenen Prüfbedingungen um 4 dB abgebaut. Aus den Frequenzanalysen geht hervor, daß diese Pegelabnahme hauptsächlich auf den Abbau des mit Zahneingriffsfrequenz abgestrahlten Schmalbandpegels zurückzuführen ist.

Eine Erhöhung der Ritzeldrehzahl auf $n_1 = 600$ U/min, bei einem Bremsmoment von $M_b = 1$ kpm, ergab eine ähnliche Abtragsverteilung wie sie in Abb. 37 gezeigt wird.

Da ein Fressen der Zahnflanken bei dieser höheren Ritzeldrehzahl nicht auftrat, wurde versucht, die ungleiche Abtragsverteilung durch einen Antriebswechsel zu kompensieren. Kämmen zwei Zahnräder miteinander, so ändert die Gleitgeschwindigkeit im Wälzpunkt ihre Richtung. Dementsprechend bilden sich in Profilhöhe eines Zahnes zwei Gleitgebiete aus, in denen eine ziehende und eine schiebende Gleitung auftritt. Die schiebende Gleitzone liegt jeweils im Fußgebiet des treibenden bzw. im Kopfgebiet des getriebenen Rades. Durch einen Antriebswechsel nach der halben Gesamtüberrollungszahl werden diese beiden Gleitzonen zu gleichen Teilen auf der Flanke wirksam.

Die Auswirkung dieser Maßnahme ist in Abb. 39 zu sehen. Die Abtragsmengen im Fuß- und Kopfgebiet sind nun gleich groß. Die Höckerbildung im Wälzgerät konnte auch durch den Antriebswechsel nicht vermieden werden.

Für die mit diesen Bedingungen geläppten Kegelradpaare ergaben sich nach 3000 Überrollungen die in Abb. 40 gezeigten Einflankenwälzsprungdiagramme und Frequenzanalysen des abgestrahlten Geräusches.

Der Wälzsprung konnte nur in ganz geringem Maße abgebaut werden.

Ein ähnliches Ergebnis zeigen die Frequenzanalysen. Die nach 3000 Überrollungen gemessene Pegelminderung ist mit 2 dB nur sehr gering. Der vom Zahneingriff erzeugte Einzelton wird nach dem Läppen mit nahezu unverminderter Intensität abgestrahlt.

Wird das Bremsmoment bei den vorher angegebenen Läppbedingungen auf $M_b = 0{,}5$ kpm abgesenkt, so ergibt sich nach 3000 Überrollungen die in Abb. 41 dargestellte Abtragsverteilung. Durch den Antriebswechsel wurde ein annähernd konstanter Abtrag über der Zahnhöhe erreicht. Die Balligkeit blieb nach dem Läppen unverändert, was am Tragbild und der Abtragsverteilung am inneren und äußeren Zahnende sowie in der Zahnmitte zu sehen ist. Die Auswirkungen dieser Abtragsverteilung auf das Laufverhalten der mit diesen Bedingungen geläppten Radpaare zeigt Abb. 42. Im linken Teil des Bildes sind der Einflankenwälzsprung vor und nach dem Läppen und im rechten die Frequenzanalysen des abgestrahlten Geräusches gegenübergestellt. Der Einflankenwälzsprung verringert sich nach 3000 Ritzelüberrollungen um nahezu 50% seines Ausgangswertes.

Je nach Prüfdrehzahl wurden bei der Geräuschmessung nach dem Läppen Pegelsenkungen zwischen 5 und 8 dB erzielt. Die Amplitude der Zahneingriffsfrequenz f_z ist in den gezeigten Frequenzanalysen um etwa 7 dB vermindert.

Die vor dem Läppen deutlich aus dem Rauschband hervortretende erste Oberwelle der Zahneingriffsfrequenz, im Bild mit $2\,f_z$ bezeichnet, hebt sich nach dem Läppen nicht mehr vom Rauschband ab. Neben der Verringerung der Amplituden der auftretenden Einzeltöne ist auch deutlich eine Verminderung des Rauschpegels in der Analyse festzustellen.

Die markantesten Abtragsverteilungen, die sich bei unterschiedlichen Läppbedingungen ergaben, sind in Abb. 43 zusammengestellt. Aus Gründen der Übersichtlichkeit sind nur die in der Zahnmitte ermittelten Abträge wiedergegeben.

Für den Fall, daß eine Abtragsverteilung entsprechend der stark ausgezogenen Kurve erzielt wurde, ergab sich auch die größte Verminderung des Einflankenwälzsprunges und des Geräuschpegels.

3.6 Folgerungen

Beim Läppen ungehärteter bogenverzahnter Kegelräder haben sich die folgenden Bedingungen als günstig erwiesen:

$$n_1 = 300 \text{ U/min}$$
$$M_b = 0{,}5 \text{ kpm}$$

Gehärtete bogenverzahnte Kegelräder können zur Erzielung einer guten Verzahnungsqualität ebenfalls bei Anwendung dieser Bedingungen geläppt werden.

Um die Wirtschaftlichkeit des Einlaufläppens zu steigern, kann beim Läppen gehärteter bogenverzahnter Kegelräder eine höhere Ritzeldrehzahl eingesetzt werden, wenn zur Kompensation des erhöhten Abtrages im Bereich der schiebenden Gleitung ein Antriebswechsel nach der halben Überrollungszahl vorgenommen wird.

$$n_1 = 600 \text{ U/min}$$
$$M_b = 0{,}5 \text{ kpm}$$
$$\text{Antriebswechsel}$$

Der Einsatz höherer Gleitgeschwindigkeiten als der optimal herausgestellten und damit eine Verkürzung der Läppzeit sind bei ungehärteten bogenverzahnten Kegelrädern nicht möglich, da schon nach wenigen Überrollungen ein Fressen der Zahnflanken eintreten kann.

Diese Läppbedingungen wurden an Radpaaren ermittelt, deren Abmessungen den in der Praxis üblichen entsprachen:

$$z_1 = 23; \quad z_2 = 24; \quad \beta_m = 33°; \quad \delta_A = 90°; \quad b = 33 \text{ mm}$$

Die für die Auslegung eines bogenverzahnten Kegelradgetriebes wichtigen Richtlinien lauten:

$$\frac{R_a}{b} = 3\ldots3,5 \quad \text{und} \quad b/m_n = 7\ldots8$$

Für die Versuchsradpaare ergeben sich folgende Werte:

$$\frac{R_a}{b} = 3,25 \qquad \frac{m_n}{b} = 7,17$$

Da die untersuchten bogenverzahnten Kegelräder vor dem Läppen eine Balligkeit besaßen, wurden sie mit Zusatzbewegungen der Radspindel geläppt. Dabei wurde stets angestrebt, die vor dem Läppen vorhandene Balligkeit beizubehalten.
Eine diesbezügliche Kontrolle war mit Hilfe einer Tragbildprüfung vor und nach dem Läppen möglich, außerdem gaben darüber die Abtragsmengen am inneren und äußeren Zahnende sowie in der Zahnmitte Aufschluß.
An bogenverzahnten Kegelrädern ist der Abbau größerer Flankenrauheiten und Flankenformfehler möglich, wenn bei Einhaltung der angegebenen Bedingungen höhere Überrollungszahlen angewendet werden. Eine Erklärung dafür ist der höhere Überdeckungsgrad. Die Berührungslinien verlaufen schräg über die Flanke. Das führt dazu, daß das Läppmittel in einer geschlossenen Front schräg über die Flanke gepreßt und dadurch auch im Gebiet des Wälzkegels Material abgetragen wird.

4. Zusammenfassung

Im Rahmen des vorliegenden Berichtes wurde zunächst versucht, ähnlich wie bei ungehärteten Stirnrädern günstige Läppbedingungen für das Einlaufläppen gehärteter Stirnräder zu ermitteln. Diese Untersuchungen wurden an einsatzgehärteten, bad- und gasnitrierten Radpaaren durchgeführt. Es konnte gezeigt werden, daß eine Steigerung der Verzahnungsqualität dann zu erwarten ist, wenn folgende Bedingungen eingehalten werden:

$$v_{G_{max}} = 10,8 \text{ cm/s} \approx 11 \text{ cm/s}$$
$$k_c = 0,008 \text{ kp/mm}^2 \approx 0,01 \text{ kp/mm}^2$$

Da an gehärteten Radpaaren pro Überrollung mehr Material abgetragen wird als an ungehärteten, außerdem eine höhere Gleitgeschwindigkeit, d. h. eine höhere Drehzahl, eingesetzt wird, können gehärtete Stirnräder wirtschaftlicher geläppt werden als ungehärtete. Damit ist ein Einsatz des Einlaufläppens gehärteter Radpaare auch in der Serienfertigung denkbar.
Bei den Läppversuchen an ungehärteten und gehärteten bogenverzahnten Kegelrädern war es zunächst notwendig, ein Verfahren zur Ermittlung der Abtragsmenge und der

Abtragsverteilung in Profilhöhe und Flankenrichtung zu entwickeln. Es konnte gezeigt werden, daß Laufruhe und Bewegungsübertragung dann erheblich verbessert werden, wenn die Abtragsverteilung über der Zahnhöhe konstant ist, d. h., wenn außer dem Abbau der Flankenrauheiten das ballig ausgebildete Flankenprofil nicht verändert wird. Zur Erzielung eines solchen Abtrages müssen für das Einlaufläppen von ungehärteten bogenverzahnten Kegelrädern, die in ihren Abmessungen den Versuchsrädern entsprechen, folgende Bedingungen eingehalten werden:

$$n_1 = 300 \text{ U/min}$$
$$M_b = 0,5 \text{ kpm}$$

und für gehärtete, bogenverzahnte Kegelräder:

$$n_1 = 600 \text{ U/min}$$
$$M_b = 0,5 \text{ kpm}$$

Bei den gehärteten Radpaaren ist jeweils darauf zu achten, daß nach der halben Überrollungszahl ein Antriebswechsel vorgenommen wird, um die Zonen des ziehenden und schiebenden Gleitens abwechselnd in das Kopf- bzw. Fußgebiet zu legen.

Anhang

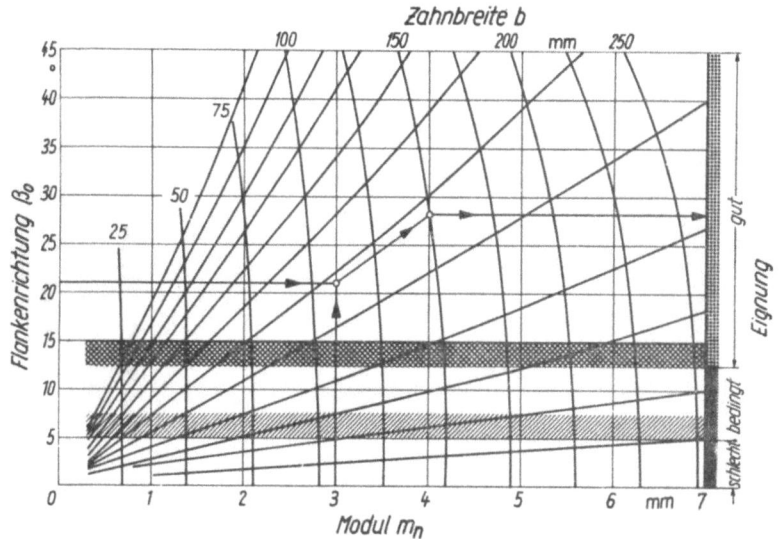

Abb. 1 Eignung von Stirnradpaaren für das Einlaufläppen

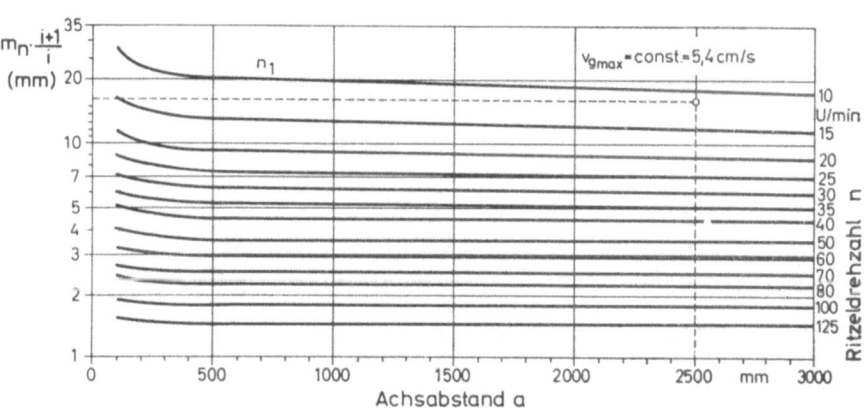

Abb. 2 Ermittlung der günstigsten Ritzeldrehzahl

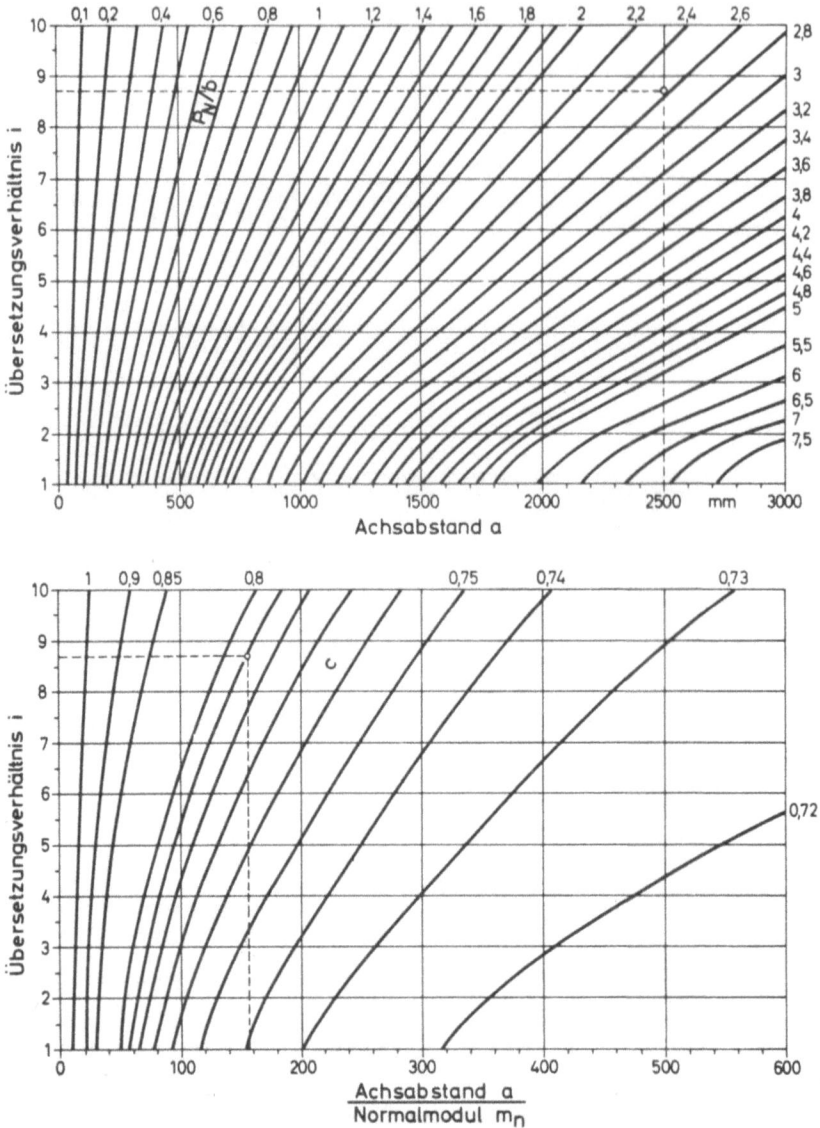

Abb. 3 Bestimmung des Bremsmomentes beim Einlaufläppen

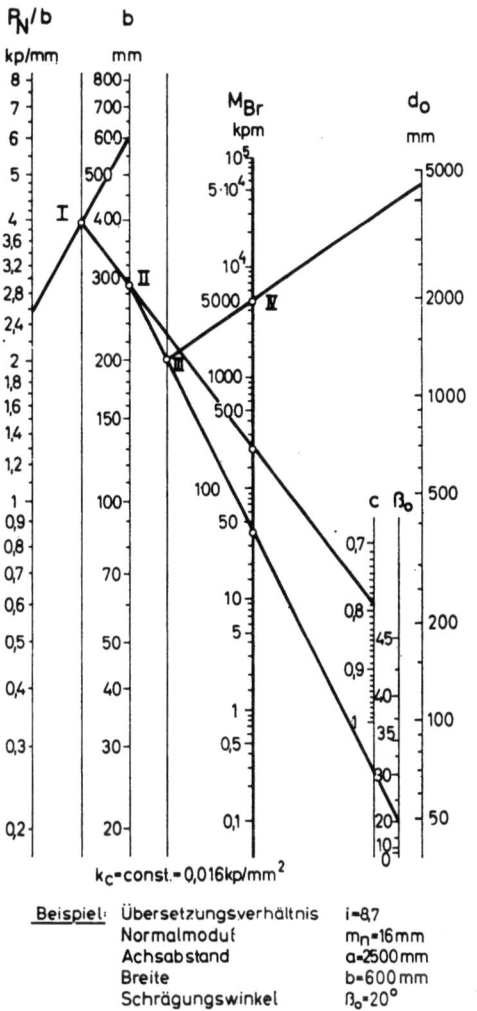

k_c=const.=0,016kp/mm²

Beispiel:
Übersetzungsverhältnis i=8,7
Normalmodul m_n=16mm
Achsabstand a=2500mm
Breite b=600mm
Schrägungswinkel β_o=20°
Durchmesser des zu bremsenden Rades d_o≈4440mm
aus i und a folgt P_N/b=2,58kp/mm
aus i und $\frac{a}{m_n}$ folgt c=0,79

Aus dem Nomogramm ergibt sich bei IV
das Bremsmoment zu M_{Br}=5000kpm

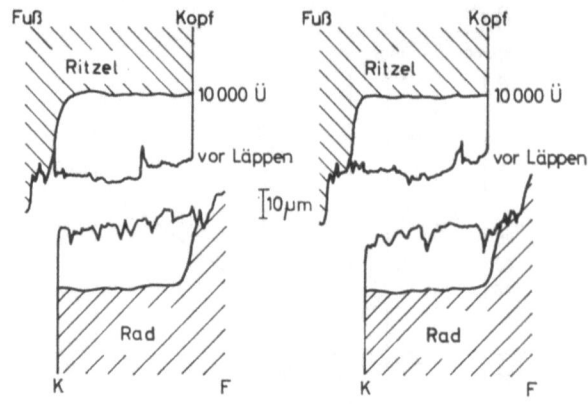

Läppdaten: $V_{G_{max}} = 5{,}4$ cm/s ; $k_c = 0{,}016$ kp/mm²
Läppmittel: SiC 18 µm in Öl 4,5° E/50°C

Raddaten: $m_n = 2$ mm; $\beta_0 = 10° 15' 46''$; $b = 70$ mm; $Z_1 = 47$; $Z_2 = 76$
$i = 1{,}617$; $\varepsilon_{sp} = 1{,}9899$; $\varepsilon = 1{,}7408$

Werkstoff: Ritzel: Ck 60 ; Rad: Ck 45

Abb. 4   Flankenform eines ungehärteten Stirnradpaares vor und nach dem Läppen

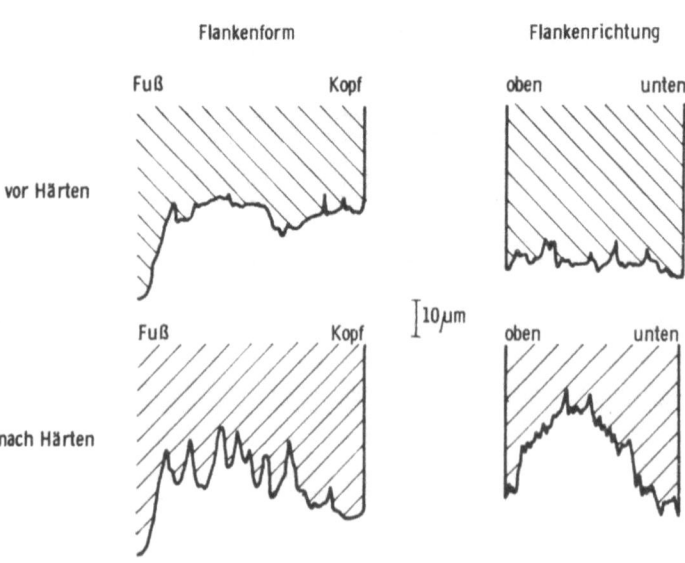

Raddaten: $m_n = 2$ mm; $\beta_0 = 10° 15' 46''$; $b = 50$ mm; $z_1 = 47$; $z_2 = 76$; $i = 1{,}617$; $\varepsilon = 1{,}7408$; $\varepsilon_{sp} = 1{,}4185$
Werkstoff: 16 MnCr 5; einsatzgehärtet

Abb. 5   Härteverzug an einsatzgehärteten Stirnrädern

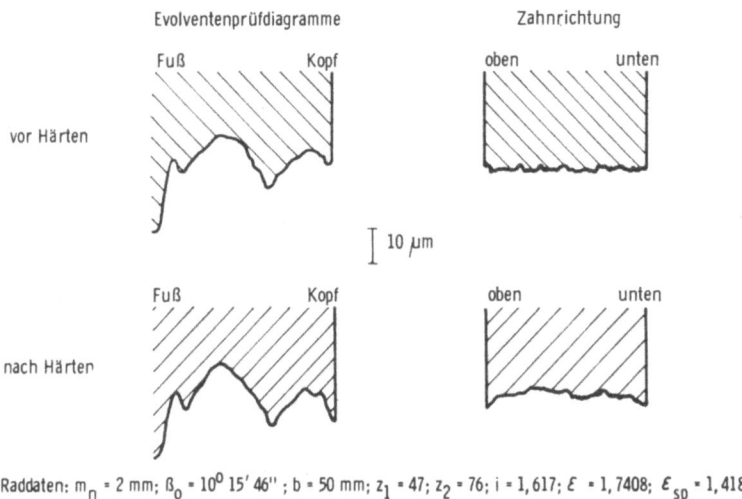

Abb. 6 Härteverzug an badnitrierten Stirnrädern

$ß_0$	b (mm)	ε_{sp}	ε	Eignung
0°	30	0	1,78	schlecht
10° 15′ 46″	30	0,85	1,74	schlecht
10° 15′ 46″	50	1,42	1,74	bedingt
10° 15′ 46″	65	1,84	1,74	bedingt
32° 51′ 35″	30	2,59	1,37	gut
32° 51′ 35″	50	4,32	1,37	gut

Abb. 7 Abmessungen der Versuchsradpaare mit $m_n = 2$ mm

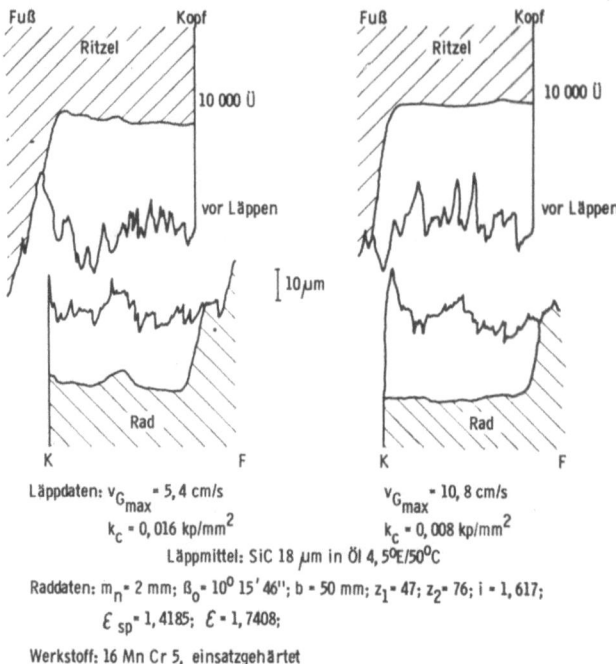

Abb. 8 Abtragsverteilung beim Läppen einsatzgehärteter Stirnradpaare

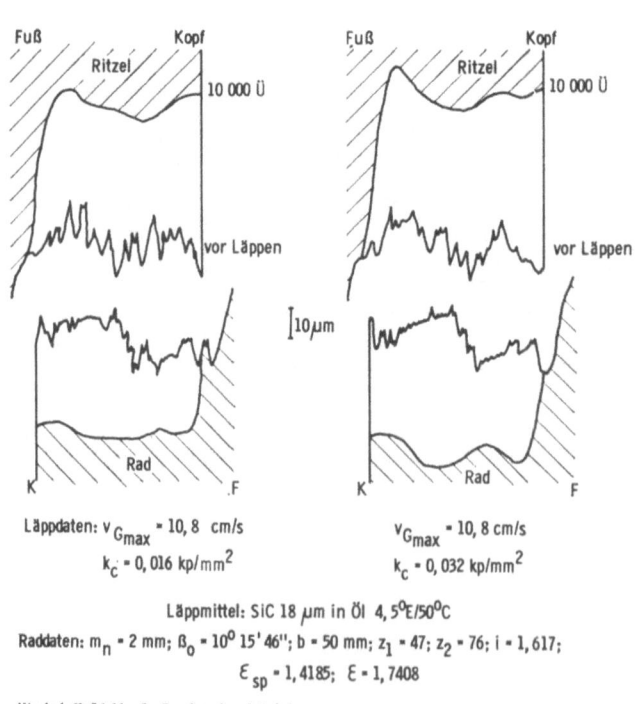

Abb. 9 Abtragsverteilung beim Läppen einsatzgehärteter Stirnradpaare

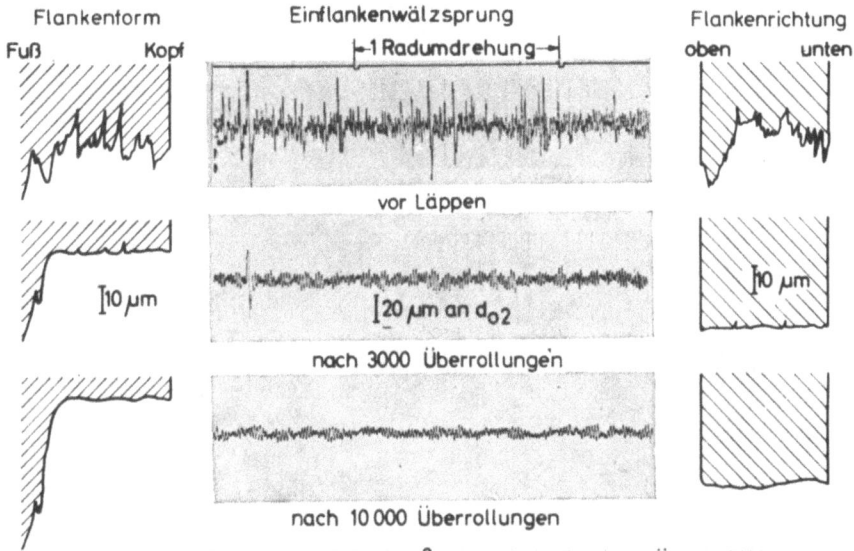

Abb. 10 Verringerung des Einflankenwälzsprunges durch Läppen

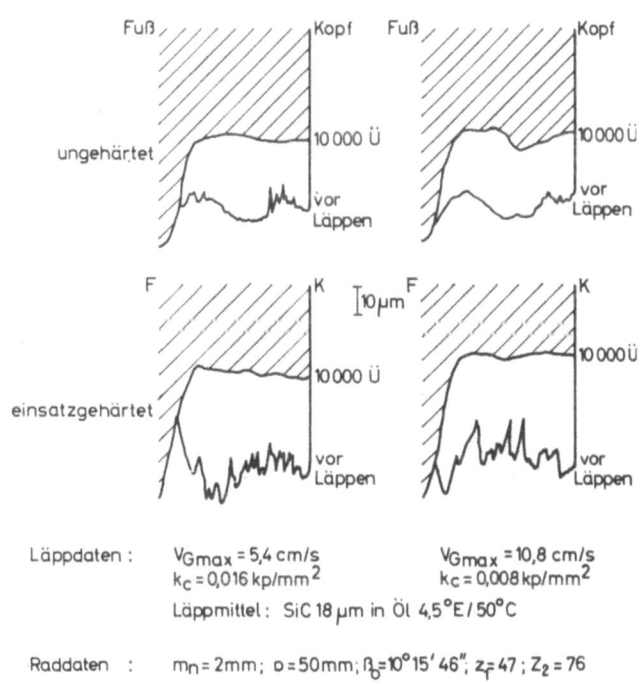

Abb. 11 Vergleich des Abtrages an ungehärteten und einsatzgehärteten Stirnrädern

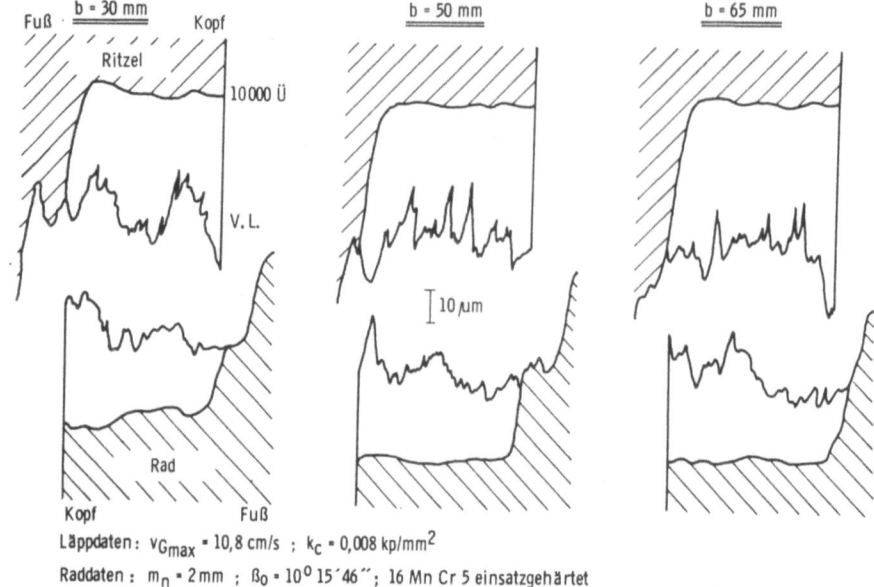

Abb. 12 Einfluß der Radbreite auf die erzielte Flankenform

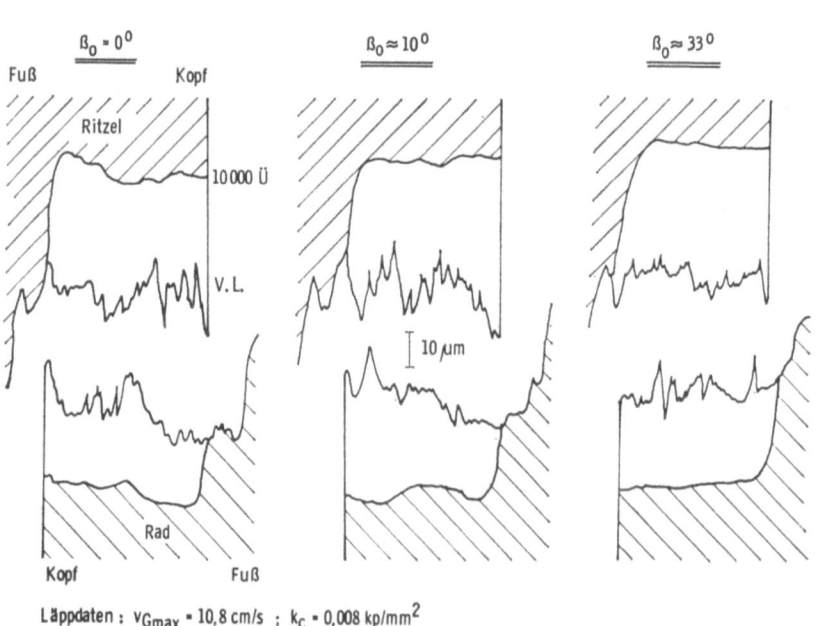

Abb. 13 Einfluß des Schrägungswinkels auf die erzielte Flankenform

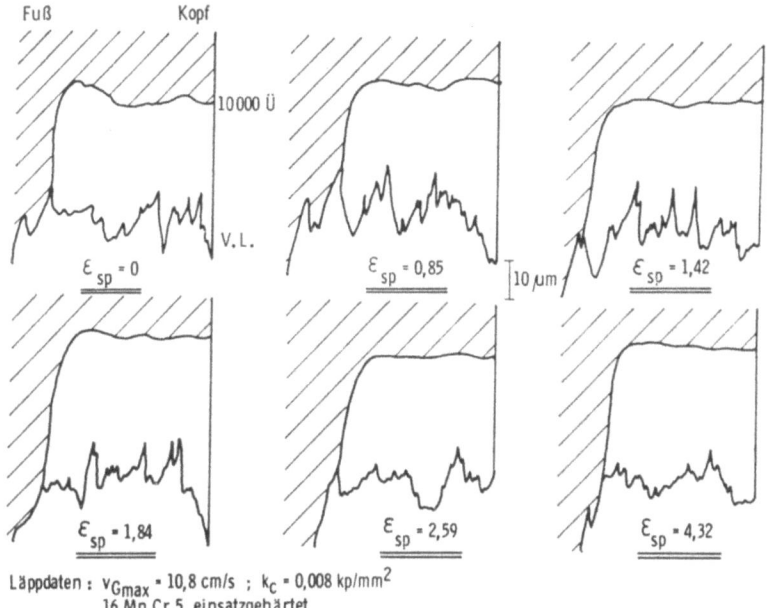

Abb. 14 Sprungüberdeckung und Flankenform

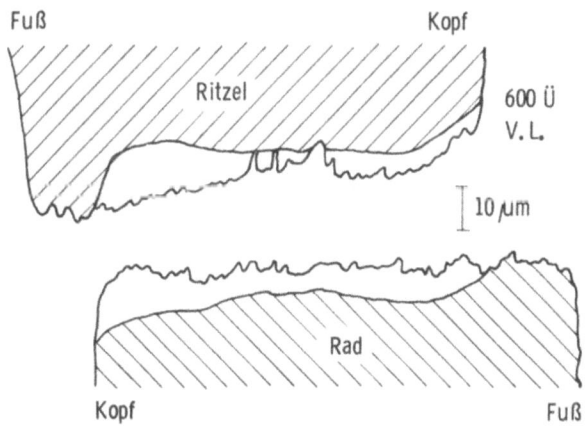

Läppdaten : v_{Gmax} = 10,8 cm/s ; k_c = 0,008 kp/mm²
Raddaten : m_n = 5,25 mm ; z_1 = 20 ; z_2 = 25 ; b = 30 mm
$ß_0$ = 10° ; einsatzgehärtet

Abb. 15 Flankenform eines einsatzgehärteten Radpaares mit $m_n = 5,25$ mm

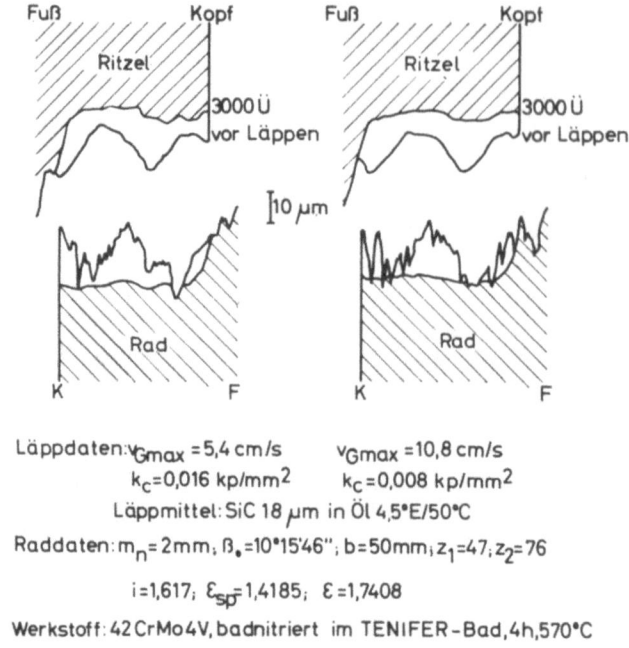

Abb. 16 Abtragsverteilung beim Läppen badnitrierter Stirnräder

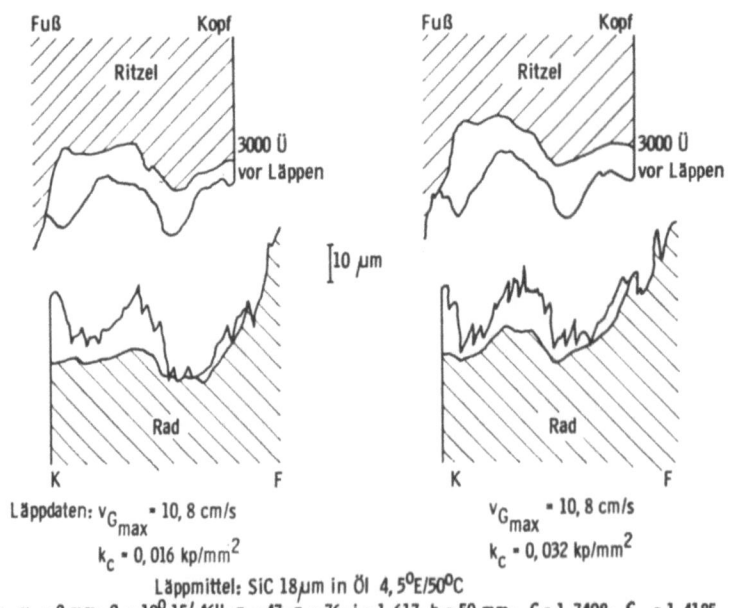

Abb. 17 Abtragsverteilung beim Läppen badnitrierter Stirnräder

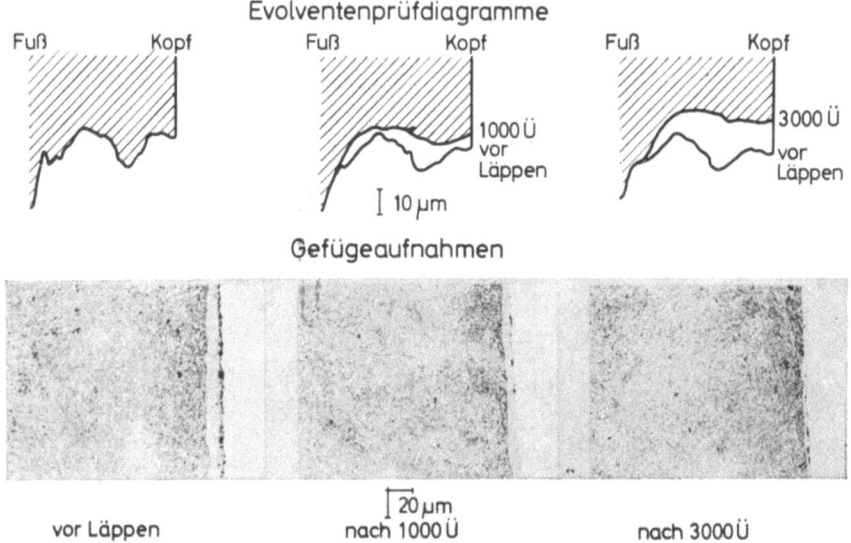

Abb. 18 Abnahme der Verbindungsschicht durch Läppen

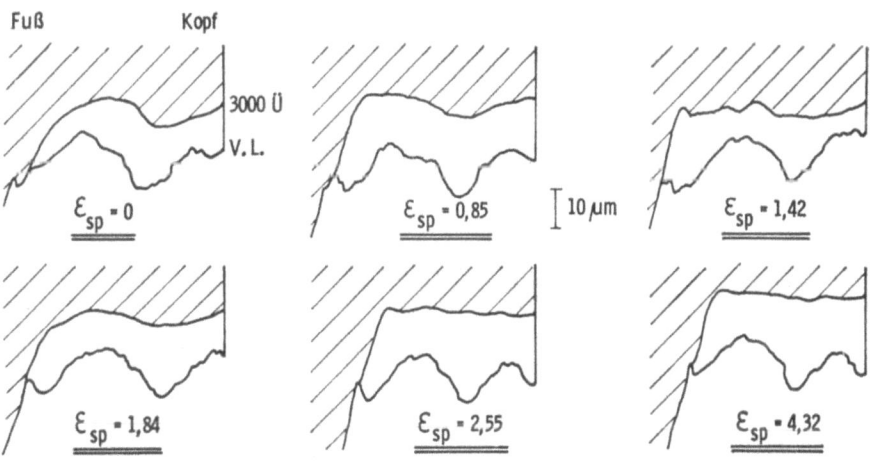

Abb. 19 Sprungüberdeckung und Flankenform

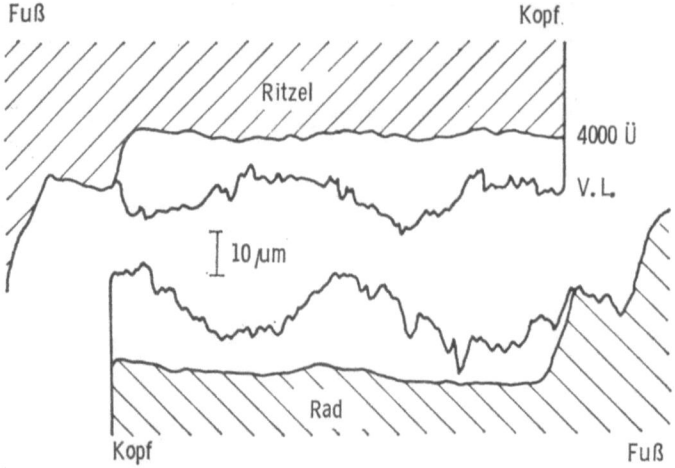

Läppdaten : $v_{Gmax} = 10,8$ cm/s ; $k_c = 0,008$ kp/mm^2
Raddaten : $m_n = 5$ mm ; $z_1 = z_2 = 20$; $b = 60$ mm
$ß_0 = 36° 52' 12''$; 42 Cr Mo 4 V badnitriert

Abb. 20 Flankenform eines badnitrierten Radpaares mit $m_n = 5$ mm

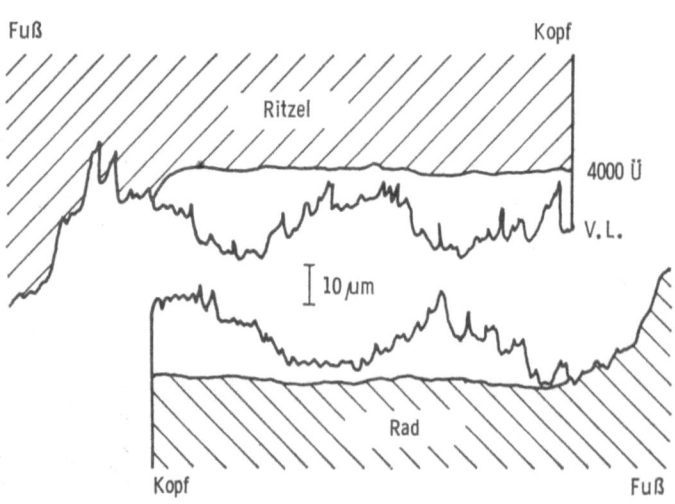

Läppdaten : $v_{Gmax} = 10,8$ cm/s ; $k_c = 0,008$ kp/mm^2
Raddaten : $m_n = 5$ mm ; $z_1 = z_2 = 20$; $b = 60$ mm ; $ß_0 = 36° 52' 12''$;
42 Cr Mo 4 V gasnitriert

Abb. 21 Flankenform eines gasnitrierten Radpaares vor und nach dem Läppen

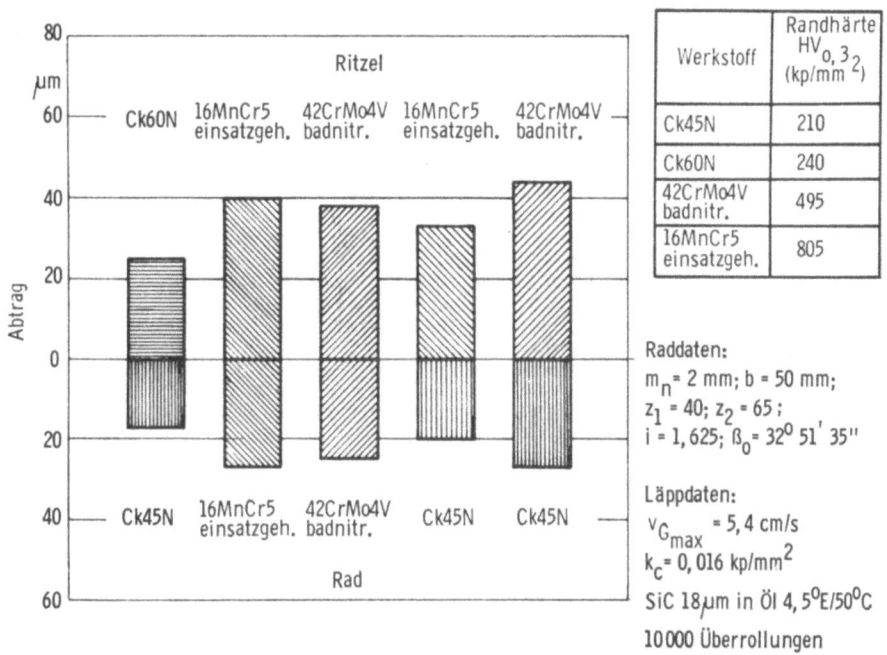

Abb. 22   Abtragsmenge und Oberflächenhärte

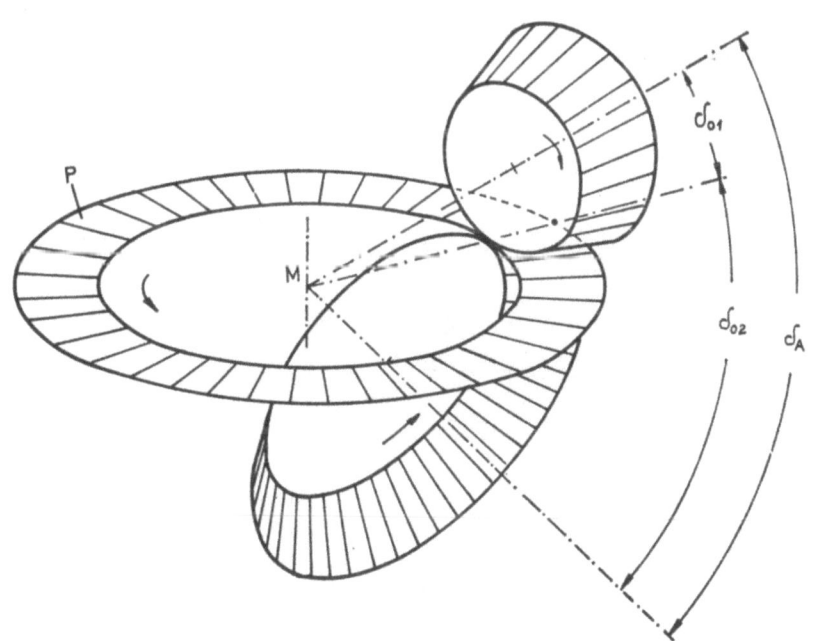

Abb. 23   Abwälzen zweier Kegel und Wälzfläche

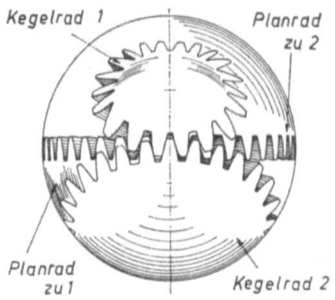

Abb. 24 Kegelradpaar mit Planrädern

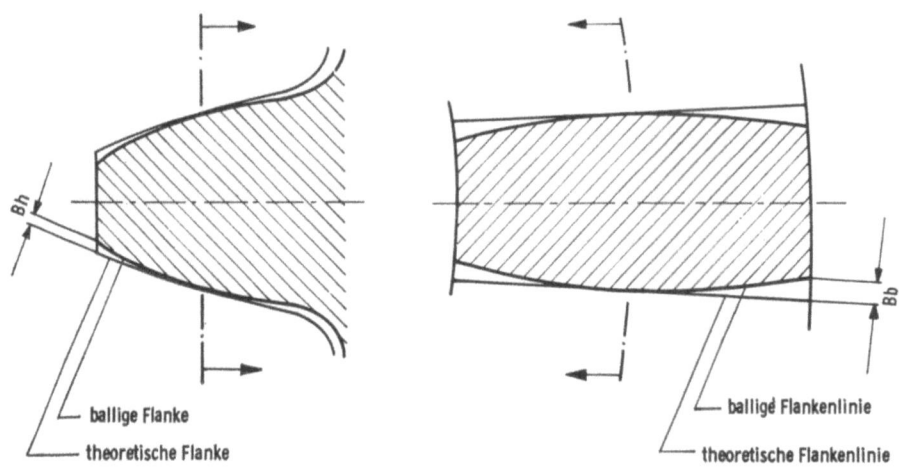

Abb. 25 Höhen- und Breitenballigkeit

Abb. 26 Kegelradläppmaschine

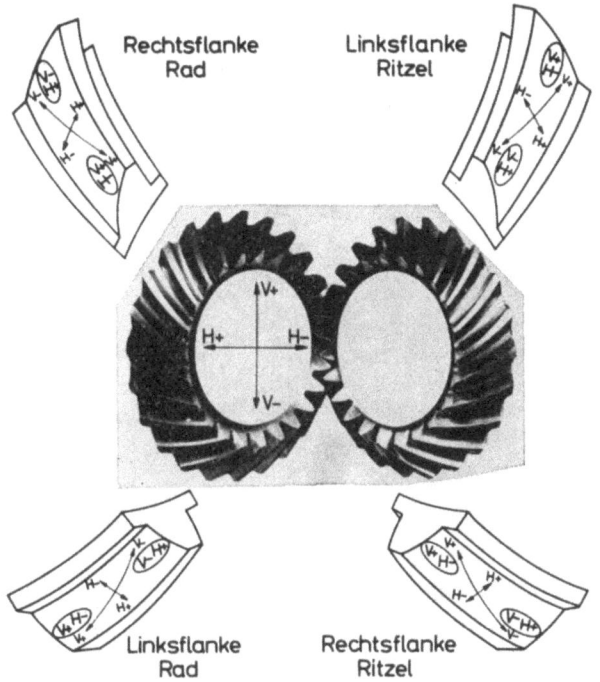

Abb. 27 Verlagerung des Tragbildes durch Achsversetzungen

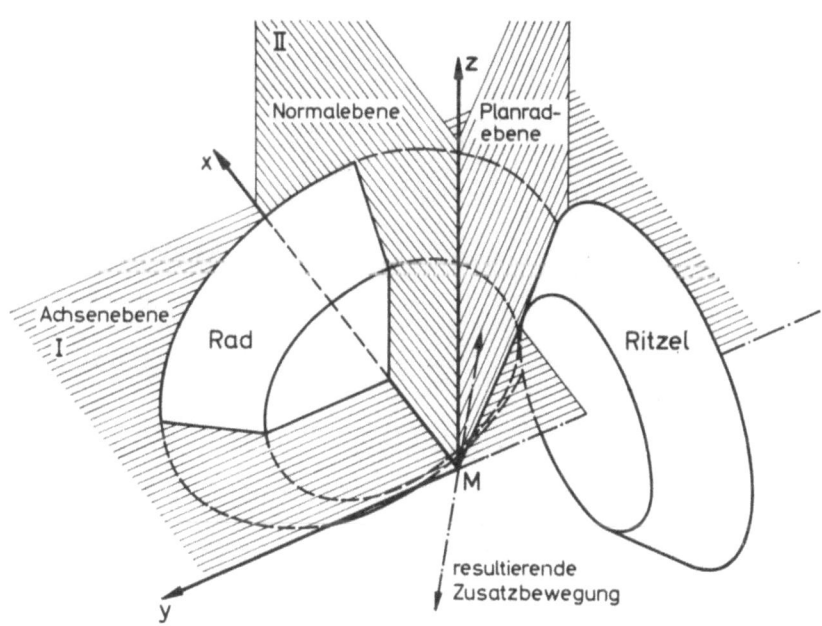

Abb. 28 Radspindelverlagerung

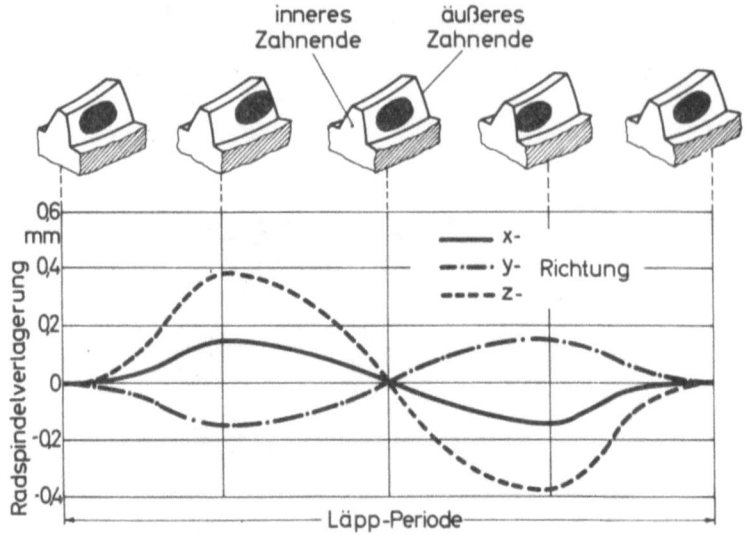

Abb. 29 Radspindelverlagerung und Tragbildverschiebung

Abb. 30 Abtragsbestimmung durch Negativ-Abguß

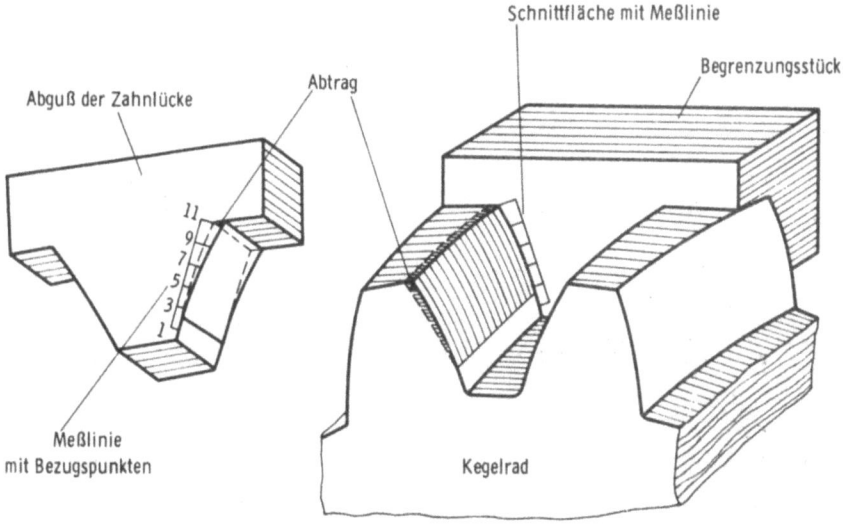

Abb. 31　Prinzip der Abtragsmessung

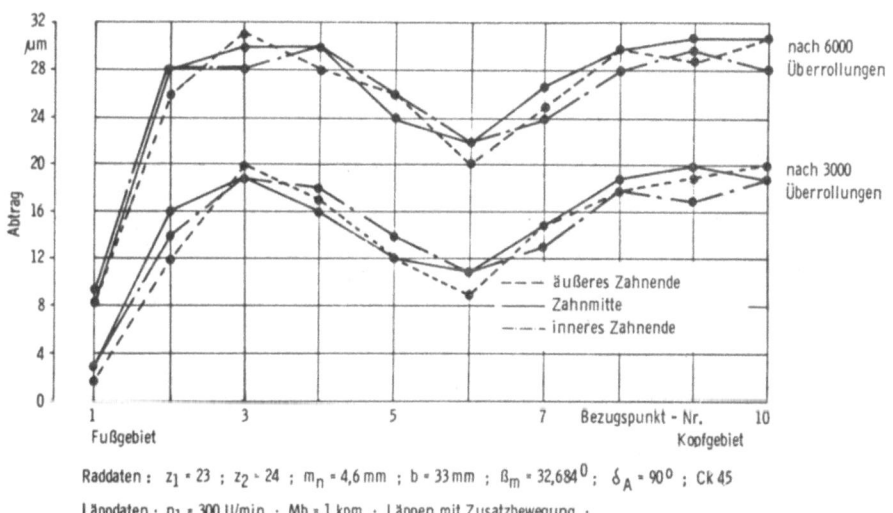

Raddaten: $z_1 = 23$; $z_2 = 24$; $m_n = 4,6$ mm ; $b = 33$ mm ; $ß_m = 32,684°$; $\delta_A = 90°$; Ck 45
Läppdaten: $n_1 = 300$ U/min ; $M_b = 1$ kpm ; Läppen mit Zusatzbewegung :

Abb. 32　Abtrag am ungehärteten bogenverzahnten Kegelrad

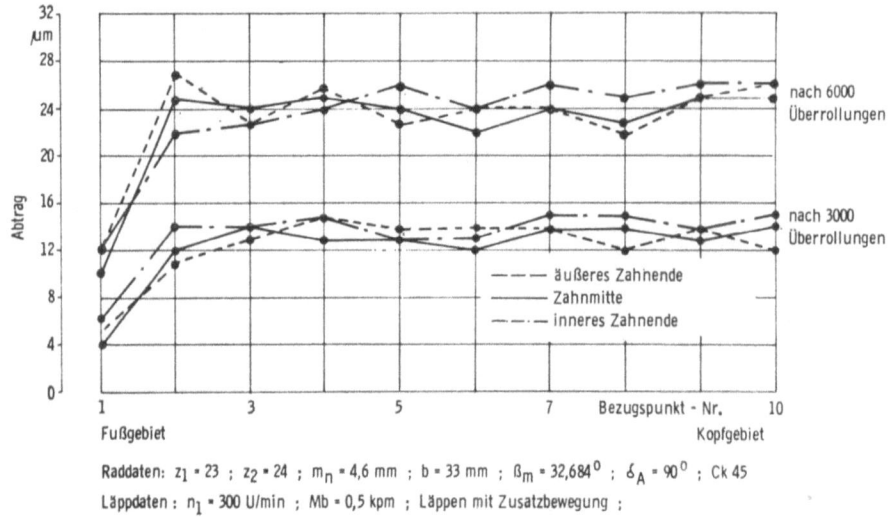

Abb. 33 Abtrag am ungehärteten bogenverzahnten Kegelrad

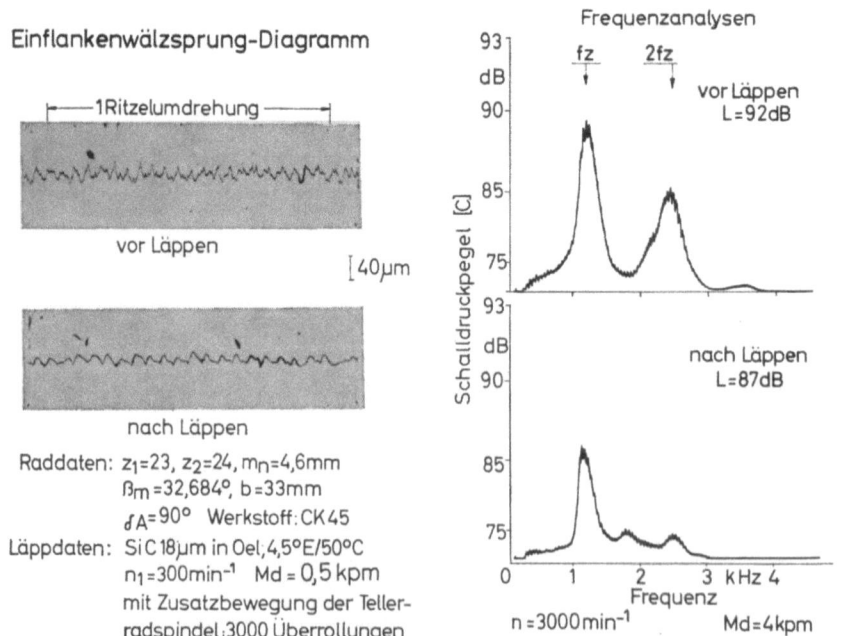

Abb. 34 Einflankenwälzsprung und abgestrahltes Geräusch

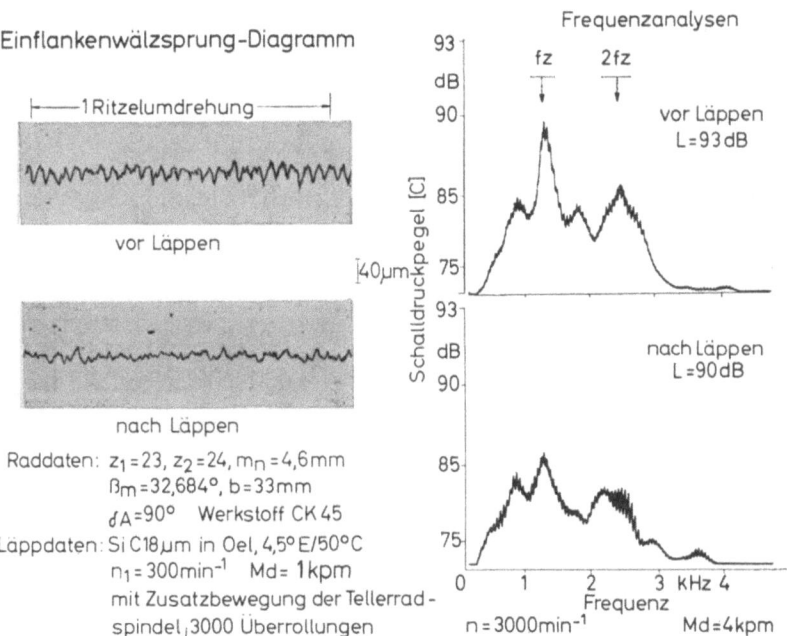

Abb. 35 Einflankenwälzsprung und abgestrahltes Geräusch

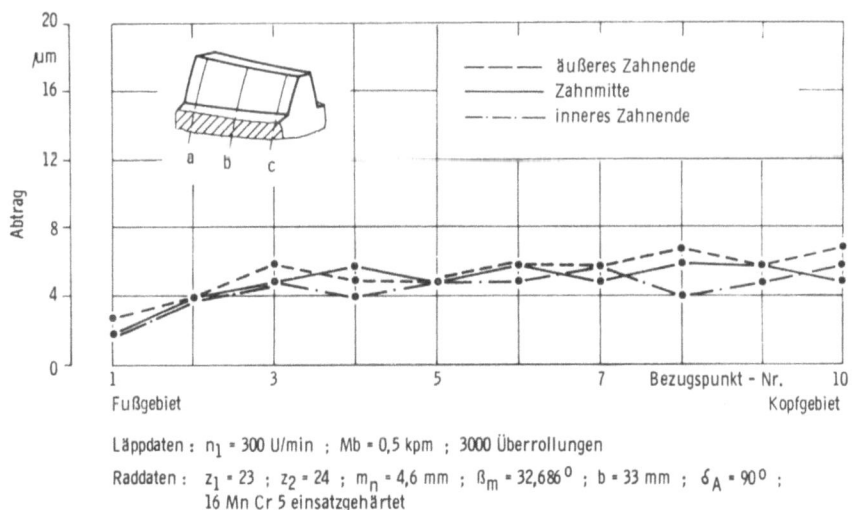

Abb. 36 Abtrag am gehärteten bogenverzahnten Kegelrad

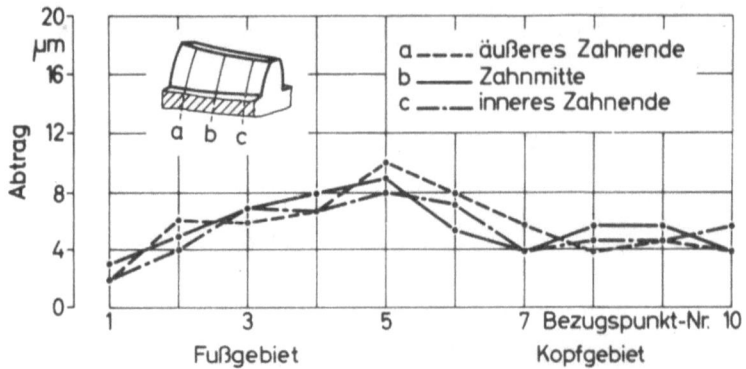

Abb. 37 Abtrag am gehärteten bogenverzahnten Kegelrad

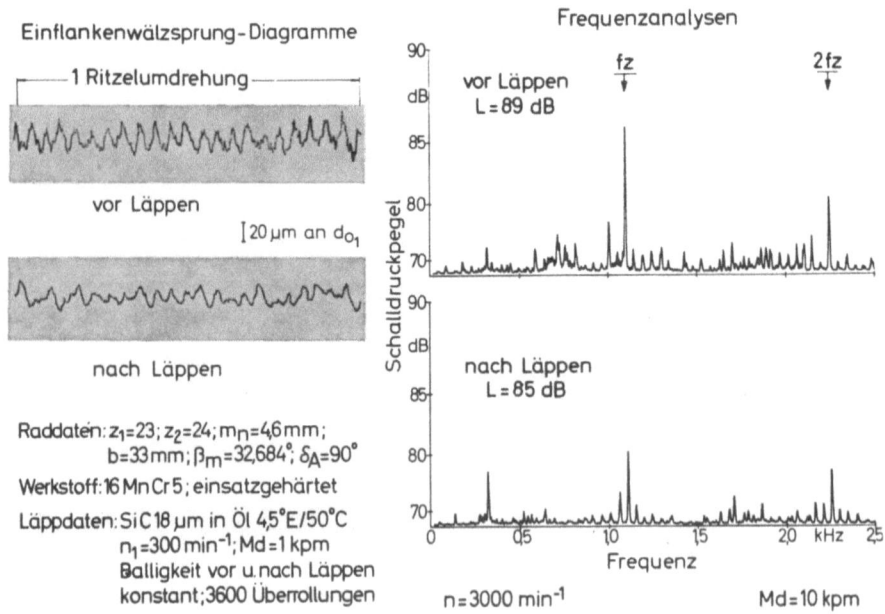

Abb. 38 Einflankenwälzsprung und abgestrahltes Geräusch

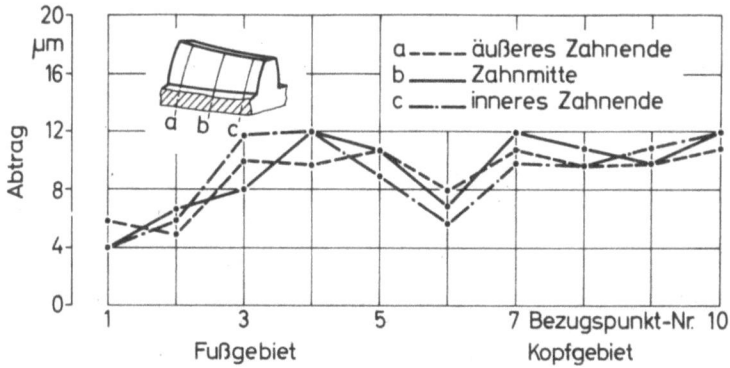

Abb. 39 Abtrag bei Antriebswechsel

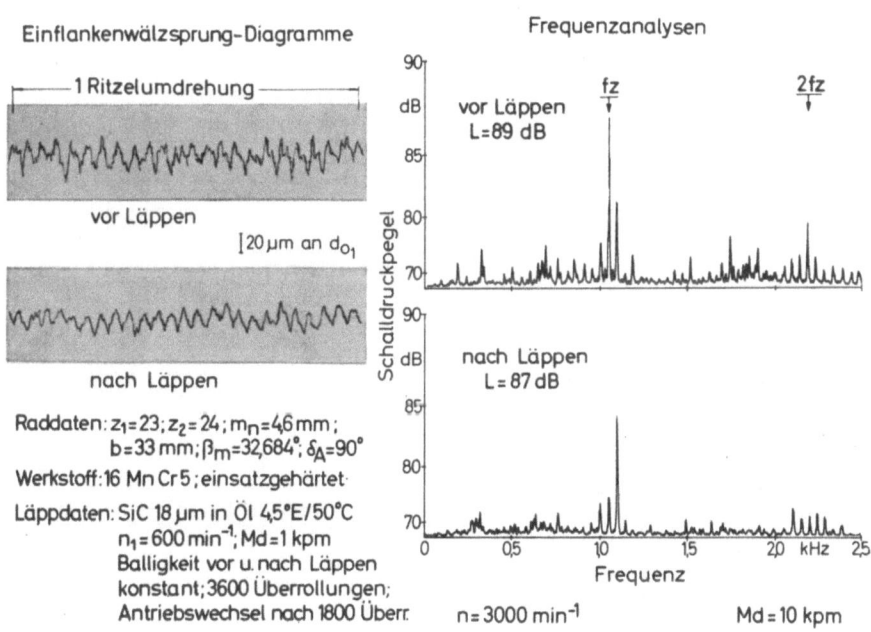

Abb. 40 Einflankenwälzsprung und abgestrahltes Geräusch

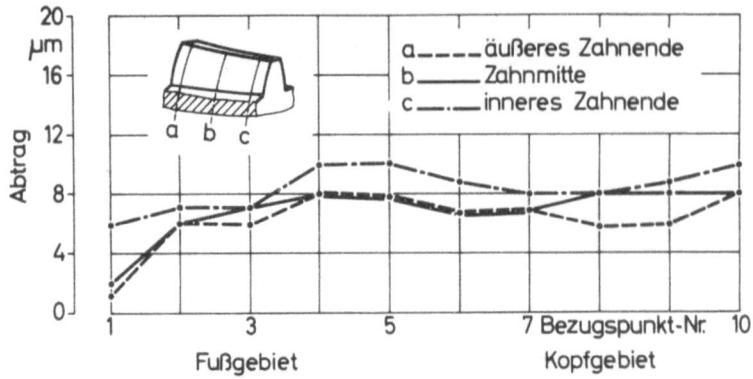

Abb. 41 Abtrag bei Anwendung günstiger Läppbedingungen

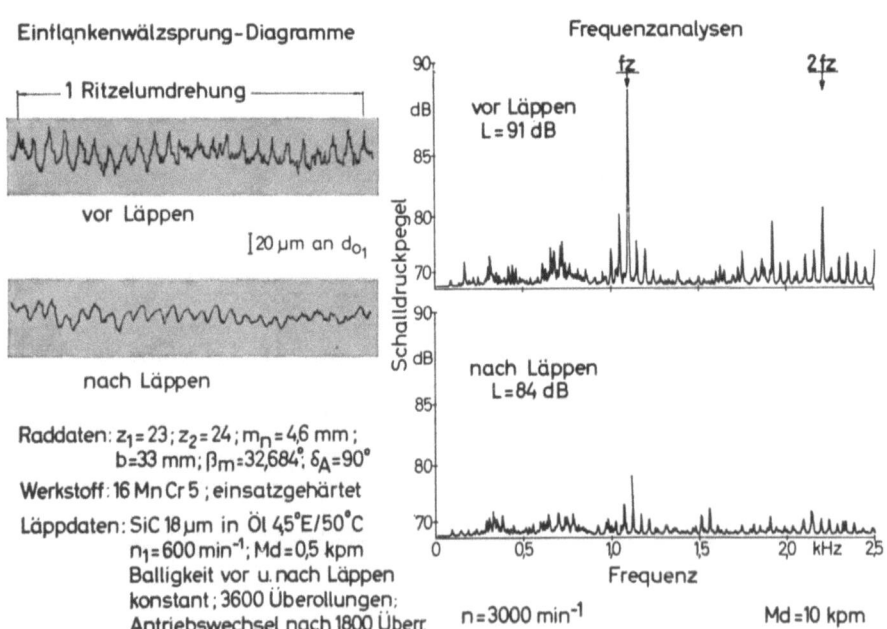

Abb. 42 Einflankenwälzsprung und abgestrahltes Geräusch

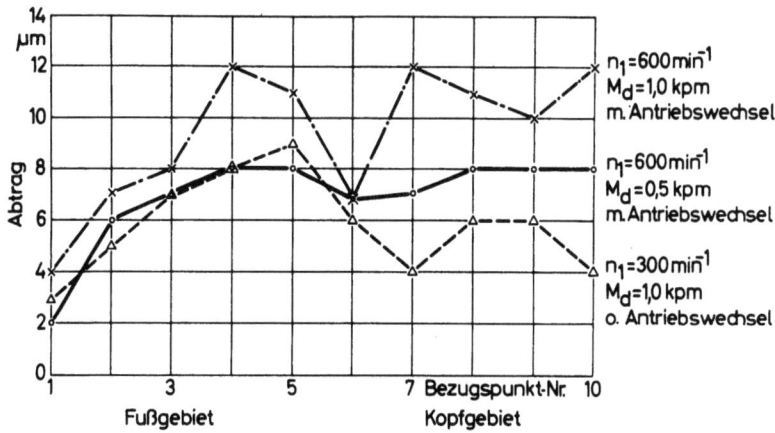

Abb. 43 Abtrag in Zahnmitte bei unterschiedlichen Läppbedingungen

Forschungsberichte des Landes Nordrhein-Westfalen

Herausgegeben im Auftrage des Ministerpräsidenten Heinz Kühn
von Staatssekretär Professor Dr. h. c. Dr. E. h. Leo Brandt

Sachgruppenverzeichnis

Acetylen · Schweißtechnik
Acetylene · Welding gracitice
Acétylène · Technique du soudage
Acetileno · Técnica de la soldadura
Ацетилен и техника сварки

Arbeitswissenschaft
Labor science
Science du travail
Trabajo científico
Вопросы трудового процесса

Bau · Steine · Erden
Constructure · Construction material ·
Soil research
Construction · Matériaux de construction ·
Recherche souterraine
La construcción · Materiales de construcción
Reconocimiento del suelo
Строительство и строительные материалы

Bergbau
Mining
Exploitation des mines
Minería
Горное дело

Biologie
Biology
Biologie
Biologia
Биология

Chemie
Chemistry
Chimie
Quimica
Химия

Druck · Farbe · Papier · Photographie
Printing · Color · Paper · Photography
Imprimerie · Couleur · Papier · Photographie
Artes gráficas · Color · Papel · Fotografía
Типография · Краски · Бумага · Фотография

Eisenverarbeitende Industrie
Metal working industry
Industrie du fer
Industria del hierro
Металлообрабатывающая промышленность

Elektrotechnik · Optik
Electrotechnology · Optics
Electrotechnique · Optique
Electrotécnica · Optica
Электротехника и оптика

Energiewirtschaft
Power economy
Energie
Energía
Энергетическое хозяйство

Fahrzeugbau · Gasmotoren
Vehicle construction · Engines
Construction de véhicules · Moteurs
Construcción de vehículos · Motores
Производство транспортных · Средств

Fertigung
Fabrication
Fabrication
Fabricación
Производство

Funktechnik · Astronomie
Radio engineering · Astronomy
Radiotechnique Astronomie
Radiotécnica · Astronomía
Радиотехника и астрономия

Gaswirtschaft
Gas economy
Gaz
Gas
Газовое хозяйство

Holzbearbeitung
Wood working
Travail du bois
Trabajo de la madera
Деревообработка

Hüttenwesen · Werkstoffkunde
Metallurgy · Materials research
Métallurgie · Materiaux
Metalurgia · Materiales
Металлургия и материаловедение

Kunststoffe
Plastics
Plastiques
Plásticos
Пластмассы

Luftfahrt · Flugwissenschaft
Aeronautics · Aviation
Aéronautique · Aviation
Aeronáutica · Aviación
Авиация

Luftreinhaltung
Air-cleaning
Purification de l'air
Purificación del aire
Очищение воздуха

Maschinenbau
Machinery
Construction mécanique
Construcción de máquinas
Машиностроительство

Mathematik
Mathematics
Mathématiques
Mathemáticas
Математика

Medizin · Pharmakologie
Medicine · Pharmacology
Médecine · Pharmacologie
Medicina · Farmacología
Медицина и фармакология

NE-Metalle
Non-ferrous metal
Metal non ferreux
Metal no ferroso
Цветные металлы

Physik
Physics
Physique
Física
Физика

Rationalisierung
Rationalizing
Rationalisation
Racionalización
Рационализация

Schall · Ultraschall
Sound · Ultrasonics
Son · Ultra-son
Sonido · Ultrasónico
Звук и ультразвук

Schiffahrt
Navigation
Navigation
Navegación
Судоходство

Textilforschung
Textile research
Textiles
Textil
Вопросы текстильной промышленности

Turbinen
Turbines
Turbines
Turbinas
Турбины

Verkehr
Traffic
Trafic
Tráfico
Транспорт

Wirtschaftswissenschaften
Political economy
Economie politique
Ciencias económicas
Экономические науки

Einzelverzeichnis der Sachgruppen bitte anfordern

 Springer Fachmedien Wiesbaden GmbH

MIX
Papier aus verantwortungsvollen Quellen
Paper from responsible sources
FSC® C105338

If you have any concerns about our products,
you can contact us on
ProductSafety@springernature.com

In case Publisher is established outside the EU,
the EU authorized representative is:
**Springer Nature Customer Service Center GmbH
Europaplatz 3, 69115 Heidelberg, Germany**

Printed by Libri Plureos GmbH
in Hamburg, Germany